市民の望む都市の水環境づくり

著者

関西大学　大学院・工学部教授
工博　和田　安彦

広島修道大学　人間環境学部教授
工博　三浦　浩之

はじめに

　近年，全国各地で市民による「公共事業」の見直し運動が盛り上がり，道路公団民営化論議に代表されるような公共事業への無駄な税金の投入に対する批判も高まっている．

　このように今，「公共事業」，「社会資本整備」のあり方への批判が噴出しているのは，これまで行われてきた公共事業の中に民意を十分に反映できていないものがあって，住民の合意が形成されていないためであろう．さらに，計画の内容，費用，計画・施工業者などの事業実施上の透明性と効率性が確保されているかどうかに疑問を持っているためでもあろう．加えて，このような公共事業を行うことが，次世代を含めて本当に市民が望むような適正な便益を生み出せるか否かについて，明確に答えてきていないこともある．諫早湾干拓事業や神戸空港建設事業に対する住民反対運動の高まりはその代表例である．

　しかし，このような状況を打破しようとする動きが見られるようになり，公共事業を市民の手に戻そうという気運が高まっている．貴重な環境資源である藤前干潟のごみによる埋立てを中止させる代わりに自分たちの排出するごみ量を劇的に減少させた名古屋市民，国の直轄事業である吉野川可動堰建設計画に住民投票で反対を表明した徳島市民などの活動，さらにはこれらの活動に対応した行政や技術者の新しい取組み，試みなどがこれにあたる．

　また，これからの豊かで暮らしやすい楽しみあふれる社会を創造していくには，このような大規模な公共事業にウエイトを置くのではなく，地域に密着した公共事業の方によりウエイトを置いていくことが必要である．そのためには，都市のバリアフリー化，密集市街地の改善，都市公園の充実・再生，高齢者・障害者のための施設の充実などを進めていくことと，われわれの生活に彩りを与えてくれる様々なオープンスペース（池，河川，丘など）や自然生態系をうまく取り入れた

はじめに

"まちづくり"を進めることである。

"まち"は市民のものであり，市民の生活の舞台，市民がそれぞれ持つ夢を実現していくステージである。市民ひとりひとりの主体性を認め，満足できる生き方のできる"まち"をつくっていくことが大切である。

筆者らは，都市の水環境に焦点を当て，私たち市民が豊かで本当の意味で質の高い生活を送れるような都市水環境の姿を，市民の視点に立ちつつ，都市環境計画・デザインの研究者・技術者という立場で研究を行っている。研究成果は論文という形で世に発表しているが，われわれの力不足もあって多くの市民や技術者の目に触れているとはいえない。

そこで，研究成果を市民が求める都市の水環境づくりに役立てることを願い，今回，専門的な知識がなくても理解できるように，わかりやすい読み物として著すことにした。

本書が，関連する専門技術者だけでなく，多くの市民の目に止まり，市民の生活のステージである"まち"をより市民の望むものとすることに役立てられれば幸いである。

2003年6月

著　者

もくじ

第1章 市民合意形成と市民参加，エコデザイン 1
  1.1 これからの公共事業 1
    1.1.1 住民投票 2
    1.1.2 『河川法』の改正 3
    1.1.3 『都市計画法』の改正 3
  1.2 パブリック・インボルブメント 5
    1.2.1 パブリック・インボルブメント 5
    1.2.2 パブリック・インボルブメントの意義 6
    1.2.3 パブリック・インボルブメントの形態 6
    1.2.4 パブリック・インボルブメントの問題点 7
    1.2.5 パブリック・インボルブメントの活用 8
  1.3 公共事業の価値評価 9
  1.4 エコデザイン 11

第2章 上水道での高度浄水導入に対する市民の意識と評価 13
  2.1 大阪府での高度浄水導入 13
    2.1.1 高度浄水導入の背景 13
    2.1.2 高度浄水処理水の水質評価 14
  2.2 高度浄水導入直後の評価 16
    2.2.1 調査概要 17
    2.2.2 高度浄水導入による水道水，家庭用浄水器，市販の水に対する意識変化 17
    2.2.3 水道水への満足感を高める方法 22
    2.2.4 CVM評価 23
    2.2.5 まとめ 27
  2.3 高度浄水導入1年後の評価 28
    2.3.1 水道水に対する意識・評価 28

　　　　2.3.2　家庭用浄水器の使用状況変化，
　　　　　　　市販の水の購入状況変化と評価　30
　2.4　転入者の高度浄水に対する評価　31
　　　　2.4.1　転入者の水道水に対する意識と評価　32
　　　　2.4.2　転入状況の違いによる評価の差　34
　2.5　市民の評価に対応した上水道サービス　36
　　　　2.5.1　事業に関する情報提供　36
　　　　2.5.2　給水システムの違いに起因する水道水評価の差異　38
　　　　2.5.3　水源水質の改善　39
　　　　2.5.4　将来的な水供給システムの姿　40
　　　　2.5.5　まとめ　41

第3章　市民の視点からの都市水供給システムの再生　43

　3.1　阪神地域の水供給システムが抱えている根本的な問題点　43
　3.2　都市水供給システムをどう見直すのか　45
　3.3　寝屋川市民の現行の水供給システムに対する評価　47
　3.4　寝屋川市域での都市水供給システム再生手法の提案　49
　3.5　水供給システム再生手法に対する市民の評価　52
　　　　3.5.1　事業の必要性の評価　52
　　　　3.5.2　支払い意志額による評価　53
　3.6　環境インパクト評価　56
　　　　3.6.1　高度浄水導入　57
　　　　3.6.2　都市内水資源活用　58
　　　　3.6.3　下水処理水の放流先移設　61
　　　　3.6.4　ペットボトルによる飲料水供給　62
　　　　3.6.5　環境負荷算出結果　64
　3.7　都市水供給システム再生にかかるコスト　65
　3.8　エコデザインによる都市水供給システム再生の評価　66
　　　　3.8.1　エコデザイン　66
　　　　3.8.2　エコデザインでの総合価値評価の方法　67
　　　　3.8.3　AHP法による各評価要素の重み付け　68
　　　　3.8.4　都市水供給システムのエコデザイン総合価値評価　72
　3.9　市民の求める都市水供給システムの再生に向けて　77

第4章　市街地にある河川の環境空間としての市民の評価　81

4.1　都市河川と市民　81
4.2　市民参画手法としてのパブリック・インボルブメント　82
4.2.1　パブリック・インボルブメント　82
4.2.2　パブリック・インボルブメントの意義　83
4.2.3　市民参画の形態　84
4.3　都市内河川に対する市民の評価　84
4.3.1　厳しい環境下にある都市中小河川　84
4.3.2　対象河川の概況　85
4.3.3　アンケート調査の概要　89
4.3.4　河川の現状に対する評価　90
4.3.5　河川に対するイメージ　93
4.3.6　河川に対する意識の形成要因解析　95
4.4　河川空間の状況による河川に対する評価の違い　101
4.4.1　各ゾーンでの評価　101
4.4.2　関心度および利用頻度・利用目的　103
4.4.3　魅　力　104
4.4.4　利用しない理由　106
4.4.5　河川への要望　106
4.4.6　実際の水質とイメージの評価　108
4.4.7　ゾーンの特徴と市民の意識の関係　108
4.5　市民の欲している情報と提供手段　109
4.5.1　望まれる情報　109
4.5.2　情報提供の方法　111
4.6　まとめ　112

第5章　市民の求める河川水辺環境の整備　115

5.1　住民意識調査をもとにした大正川改善方法の検討　115
5.2　事業効果予測　121
5.2.1　流量予測　121
5.2.2　水質予測　123
5.2.3　生息生物の変化予測　126
5.3　CVMアンケート調査の概要　130
5.3.1　CVMとは　130

         5.3.2　アンケート概要　130
         5.3.3　アンケート調査内容の作成にあたっての注意点，工夫　131
     5.4　事業に対する住民の支払い意志額　135
         5.4.1　調査概要　135
         5.4.2　支払い意志額の算出　135
         5.4.3　属性による支払い意志額の特徴　136
     5.5　来訪頻度の増加量の定量　137
     5.6　まとめ　139

  おわりに　143

  索　引　145

第 1 章　市民合意形成と市民参加，エコデザイン

1.1　これからの公共事業

　これまでの公共事業(社会資本整備)は，行政が住民へのアンケート調査など(議員を通じた要請も)を参考にコンサルタントなどに指示して行政の責任で計画を立案し，事業を実施していく方式であった．その過程で，市民に対するいろいろなレベルの説明会を実施してはきたものの，市民の意見を汲み上げて計画に反映させることは積極的には行われてこなかった．
　しかし，公共事業は，本来，市民のために行うものであり，その意見が反映されない事業は，「公共事業」とはいえないということが広く意識されるようになってきた．
　従来の公共事業は，市民の意思や考えを必ずしも的確に反映したものばかりではなかった．このため，いくつかの公共事業に対しては住民による反対運動が起きてきた．このように今，「公共事業」，「社会資本整備」のあり方への批判が噴出してきたのは，これまで行われてきた公共事業が本当に民意を反映したものとなっていなかったためである．
　最近，このような状況を見直そうとする動きが見られるようになり，公共事業を市民の手に戻す気運が高まっている．その典型的な動きが公共事業に対する住民投票である．
　一方，行政側からの積極的な市民参加・参画の組込み，市民の合意形成への取組みなどが行われるようにもなった．建設白書においても，「公共事業は国民からの税金等の負担により賄われているものであり，社会資本の利用者である国民の満足を得られるようなサービスを提供することが最重要課題となってくる」こ

とを述べている。さらに「事業を採択していくのかについても，国民の納得が得られる形で説明をする責任(アカウンタビリティ)を全(まっと)うするとともに，国民に対してのコミュニケーションを促進することも必要となってくる。これらの前提として，国民の判断と行政への信頼のもととなる情報を可能な限り適切に公開することも忘れてはならない」ことも書かれている。

このような住民の参画，住民への説明などを積極的に織り込んだものとして，『河川法』や『都市計画法』の改正がある。

1.1.1　住民投票

公共事業に対して住民が異議を申し立てる手段が『地方自治法』に基づく直接請求と住民投票である。

直接請求は，地方自治体の行う地方行政に住民の意思を直接反映させる制度であり，代表者が一定数の有権者の署名を集めて，条例の制定や改廃(有権者の50分の1以上の署名)，監査の請求(有権者の50分の1以上の署名)，議会の解散と議会議員・首長の解職請求(有権者の3分の1以上の署名)，主要公務員の解職(有権者の3分の1以上の署名)を求めるものである。

住民投票は，地域住民に深く関わる特定の問題についての賛否を有権者自身の直接投票で決めることである。『地方自治法』に基づく条例の制定が必要で，有権者の50分の1の署名があれば住民が直接請求できるほか，首長や議員も請求できる。しかし，法的拘束力はない。

主な公共事業の実施に反対を表明した住民投票には，次のものがある。
- 神戸空港(神戸市)
- 吉野川河口堰(徳島市，藍住町)
- 藤前干潟(名古屋市)
- びわ湖空港(滋賀県)

神戸空港反対運動の署名は，有権者総数の1/4に達する30.8万人で，これは前年度の市長選での笹山市長の獲得票27万票を上回っている [1]。

1.1.2 『河川法』の改正

　『河川法』は，1997年(平成9年)に改正された。従来の治水と利水を目的とする『河川法』(昭和39年制定)のもとで行われてきた治水事業によって，水環境の悪化，水循環の悪化，水系生物生育環境の悪化，土砂流出・堆積問題の顕在化が著しいことから，河川審議会が対策を答申した。この答申を五十嵐[2]は次の4点に集約できると述べている。

① 　地域における人口，資産の集積や土地利用の変化が河川に与える影響は大きく，洪水，土砂の流出の増大などの問題を生んだ。これに対処するためには水系一貫だけでなく，流域全体を視野に入れた施策が必要である。
② 　地域住民の主体的な参加と関係機関の連携を求める。
③ 　河川の多様性を重視する。
④ 　情報提供を重視する。

　すなわち，流域全体で河川を捉え，河川の多様性を維持しながら，地域住民の参加を求めていくように変わったのである。

1.1.3 『都市計画法』の改正

　1992年(平成4年)の『都市計画法』改正では，「市町村の都市計画に関する基本的方針(市町村マスタープラン)」が制度化された。マスタープランは，都市計画区域および市町村の将来像を明示的に明らかにするものであり，その意義は「産業・社会構造の変化の急速な進展や住民の価値観の多様化等に適切に対応して，都市をゆとりと豊かさを真に実感できる人間居住の場として整備し，個性的で快適な都市づくりを進めるためには，望ましい都市像を都市整備の目標として明確化し，諸種の施策を総合的かつ体系的に展開していくことが，今日ますます重要となっている。このような施策の展開に当たっては，広域的観点からの土地利用の調整，都市活動を支える広域的な都市基盤の整備等を着実に進めることと併せて，地域社会共有の身近な都市空間を重視した施策を推進していくことが肝要であり，<u>また，都市整備に関わる総合的な施策の体系を行政内部の運営指針にとどまらず，これを住民に分かりやすいものとして提示することが，住民の理解と参加の下にこれらの施策を進めていく前提として重要である</u>」(市町村マスタープラ

ンが創設された際の建設省通達)と述べられている。この改正において，住民の理解と参加のもとに都市整備に関わる施策を進めていくことが明確に示されたのである。

次いで，2001年(平成13年)5月に『都市計画法及び建築基準法の一部を改正する法律』が施行され，『都市計画法及び建築基準法の一部を改正する法律の施行に伴う関係政令の整備等に関する政令』(平成13年政令第98号)も公布された。

この『都市計画法』が改正された趣旨は，
- 『都市計画法』制定以来30年の月日が経過して実情との乖離が目立つようになったこと，
- 交通・情報網の発展と少子高齢化を前提とする安定・成熟した「都市型社会」の到来に合わせて法律を見直すべき時期になったこと，
- 都市のリノベーション，地方都市の独自性，地球環境の保全などの社会的課題が顕著になり，これらへの対応が必要になったこと，
- 都市計画における説明責任の向上，手続きの透明化，市民参加の要請の高まりに対応しなければならなくなったこと，

である。すなわち，市民参加を踏まえて『都市計画法』の改正が実施されたのである。

改正のポイントは，
① 線引き制度および開発許可制度の見直し，
② 良好な環境確保のための制度の充実，
③ 既成市街地の再整備のための新たな制度の導入，
④ 都市計画区域外における開発行為，建築行為に対する規制導入，
⑤ 都市計画決定手続きの合理化，

であり，都市計画決定手続きの合理化においては，行政のアカウンタビリティの向上や透明性の確保，住民参画の要請に応えるため，都市計画手続きについて一層の透明化を図るとともに，地域住民の意向の反映を図る方向で拡充することが示されている。

そして，地区計画などに対する住民参加手続の充実(改正『都市計画法』第16条第3項)において，「市町村は，都市計画法第16条第2項の条例において，<u>住民又は利害関係人から地区計画等に関する都市計画の決定若しくは変更又は地区計画等の案の内容となるべき事項を申し出る方法を定めることができる</u>」こととなっ

た。すなわち，具体的な住民参画の方法を市町村が定めていくことになったのである。

1.2 パブリック・インボルブメント

1.2.1 パブリック・インボルブメント

　近年，諸外国において，都市計画におけるパブリック・インボルブメント(PI；Public Involvement)の様々な施策がなされ，市民の参画した協議型まちづくりが提唱されている。日本においても1992年(平成4年)に『都市計画法』が改正され，市民参加を不可欠とした都市マスタープランの策定の制度化，公聴会やワークショップなど，計画プロセスにおける様々な市民意見反映のためのシステムづくりが重要視されるようになってきている。

　パブリック・インボルブメントは，施策の立案や事業の計画，実施などの過程で，その施策によって関係が及ぶ市民(Public：住民・利用者や国民一般)に情報を公開したうえで広く意見を聴取し，それらを反映させて，継続的に関与させる(Involve)する住民参加の方式である。

　政策決定や公共事業の計画策定において，Publicとしての市民(国民，住民，利用者一般という意味での)が意見を表明できる場を設け，その意見を計画に反映させていくことである。

　PIは，これまでの"住民参加"とは，一見すると似ているように受け止められがちであるが，実際は根本的に異なるものである。住民参加は，公共事業などの計画が決定した後に住民の意見を取り入れていくといった，意思決定者としての行政側に近いものであるといえ，PIは，計画の初期段階で市民の関心を高めたり，計画立案段階で市民や意見を計画決定前に反映させたりするように行政が努力を払わなければならない。

　Involvementには，「巻き込む」，「引きずり込む」という意味があり，政策決定や公共事業系計画立案に市民を巻き込んでいき，行政が積極的に市民と接触して市民の意見を何らかの形で計画などに反映させ，市民の満足度の高い政策や公共事業計画をつくり上げていくものである。

その意味で，住民が望む環境の創造，まちづくり，住環境づくりに向け，積極的な住民参加を促していくための手法であるといえる。日本では，道路施策の策定時にPIの思想が取り入れられたのを機に徐々に他分野へも広がりつつある。

1.2.2 パブリック・インボルブメントの意義

市民が政策決定や公共事業計画立案の過程に積極的に参加することによって，実施される政策や公共事業の透明性，効率性を維持すると同時に，住民の政策や事業に対する理解を得て，事業を進めるという意義がある。

また，政策決定や公共事業計画に多くの市民の経験と能力を反映させていくことにより，より良い政策，計画をつくり上げるという意義もある。

さらに，利用者である市民には，自らの持つ経験や能力を活用して政策決定・計画立案に参加することによって，これらの政策や公共事業を通じて得られるサービスに対しての満足度が向上するという意義がある。

1.2.3 パブリック・インボルブメントの形態

パブリック・インボルブメントの基本的なスタンスは，市民と意思決定者としての行政が，対象とする政策や公共事業に関して対峙して意見を言い合うのではなく，ある共通の問題として政策などに関する対話を進めることである。

そのため，市民と意思決定者との間に立って，それぞれの認識を明らかにし，意見を言いやすくさせて，対話を成立させる第三者が必要となる。この第三者は，市民や意思決定者の持つ意見，考えを引き出して，対話を掘り下げる役割を果たす。

なお，政策決定や公共事業計画立案に対して市民が発する意見は，その政策などをどのように考えているのかによって影響されるものであり，その考えは**表-1.1**に示すように，3つに分けて考えていくべきであることが指摘されている。

また，市民と意思決定者との対話を進める方式には，**表-1.2**に示すものがある。

オープンハウスは，分譲マンションのモデルルームのように，あるスペースに政策や事業の内容を説明するパネルや模型，関連資料などの展示を行い，訪れた市民との対話を通じて，市民の意見を把握する手法である。

表-1.1 市民の関心[4]

実質的なもの	直接的な政策や計画の内容に関わるもの(環境負荷,交通利便性など)
プロセス上のもの	政策決定などの進め方に関わるもの
心理的なもの	感情的なことに関わるもの(反論されることへの恐れ,十分考慮されていないことへの不満など)

表-1.2 対話の方式

市民からの情報収集,政策などの内容の周知	アンケート調査
	ヒアリング調査
	説明会
	ニュースレター
	ホームページ
	シンポジウム
	現地見学会
	オープンハウス
市民による計画策定	ワークショップ
社会実験的参画など	地域,期間限定のまちづくり実践

また,ワークショップは,日本でも相当数実施されている手法で,特定の話題に関して図面作成やメモ紙貼付けなどを協働して行うことを通じて市民の意見を具現化・集約化・洗練化していく手法である.

1.2.4 パブリック・インボルブメントの問題点

(1) 行政側の抱えている問題点

行政側は,市民が政策決定や計画決定に積極的に関与するという場合,どうしても市民がわがままな意見・要求を突きつけて,その結果,決定や立案に時間を要するようになり,政策や計画の質が低下し,コストが上昇するというように考えがちである.

しかし,市民の意見や要求は,各市民の日々の生活から導き出された経験に基づくものである.したがって,市民の意見などの中にある政策や計画の根本的な問題点に対する指摘を読み取っていくことが大切である.

したがって,矢嶋[4]も指摘しているように,市民の言葉から有用な情報を見出すこと,意見などの背後に潜む情報を聞き出すことが必要となる.そのために

は，様々な市民にアプローチして意見を求めていくことや，アプローチの仕方を市民に合わせて変えていき，本質的な意見を聞き取ることに努めなければならない。さらに，これら重要で有用な情報を政策決定や計画立案に的確に取り込んでいく（その過程では，専門知識のない市民の言葉を専門的なものへと翻訳していくことが必要になるが）ことが必要となる。

(2) 市民側の抱えている問題点

まず，市民は，政策や"まちづくり"としての公共事業に関しての専門知識を一般的には有していない点が問題である。この問題に対しては，市民に専門的な事項を理解できるように誘導していくためのリテラシーや知識を与えていくことが必要である。そのためには専門技術者が自らの知識をわかりやすく市民に説明していくことや，市民の抱く疑問や誤解を解くための学習を手助けするNPOを育成していくことが必要となる。

1.2.5 パブリック・インボルブメントの活用

公共事業は，その名のとおり「Public」のための事業でなければならない。したがって，パブリック・インボルブメントを活用して，公共事業の計画を立案していくことは，公共事業をPublicとしての市民の手の中にあるものとすることにつながる。

パブリック・インボルブメントが普及することによって，政策や公共事業の決定までの手続きが変化するだけでなく，意思決定者としての行政側にも大きな変化が生じることが期待されている。また，同時に，市民の公共事業などに対する認識が高まることも期待されている。

しかし，市民の自らの手で，将来世代のことまで考慮して，都市や環境をより良いものとしていくには，市民の持つ知識や認識は不足している。市民が住む"まち"を市民自らの手でつくり上げていくには，"まちづくり"において，多くの市民，行政，そして専門家が公共事業などに関わる知識を共有していくことが大切である。市民と専門家，行政がお互いをパートナーとして認め，互いに協力して，望ましい"まち"をつくり上げていこうという共通認識が生み出されていくことが望まれる。

1.3 公共事業の価値評価

従来，公共事業の必要性や価値は，「費用対便益・費用対効果」で判断されてきた。すなわち，その公共事業を実施するために要する費用に対して，得られる便益・効果を費用換算したものが大きければ，その公共事業を実施する価値があると判断するものである。

しかし，このような評価では，公共事業によって損なわれる自然環境の損失の程度や，創出される環境空間の価値といった直接的に金額に換算できないものは計ることができない。

最近，このような，単純に金額で推し量ることのできない環境の価値を評価する方法が提案されるようになってきた。評価手法には**表-1.3**に示すものがある。ここで，「利用価値」とは，その環境を利用して得られる価値のことであり，「非利用価値」とは，利用しなくても得られる価値のことである。例えば，森林を例にして考えると，伐採して木材として利用したり，その森林で森林浴やキャンプなどのレクリエーションを行ったりすることは，その森林の利用価値を得たことになる。一方，その森林を利用しなくても，その森林や森林に住む野生生物を守って子供や子孫の世代に残したい，あるいは森林や野生生物はそこに存在するだ

表-1.3 環境の価値の評価手法

	利用価値	非利用価値
顕示選好法：人々の消費行動をもとに環境価値を推定		
トラベルコスト法	○	
旅行費用をもとにレクリエーション価値を評価		
ヘドニック法	○	
賃金や地代をもとに地域アメニティなどの価値を評価		
表明選好法：人々に環境価値をたずねることで，環境価値を推定		
CVM（仮想評価法）　単一属性の評価手法	○	○
回答者に支払い意志額や補償受容額をたずねて評価		
コンジョイント分析　各属性の評価手法	○	?
評定型コンジョイント		
回答者のプロファイルに対する選考を点数でたずねて評価		
選択型コンジョイント		
回答者に最も望ましいプロファイルをたずねて評価		

[栗山浩一：新環境学　環境はいくらか？，日経エコロジー，12月号，2000]

けで重要と考えることが，その森林に非利用価値を認めていることになる。
　各評価法の概略を次に説明する。
① トラベルコスト法：環境質，例えば，公園に対して，そこまでのアクセス費用を支払ってまでも利用する価値があるか否かという観点から，環境質の価値を貨幣で評価する方法。
② ヘドニック法：住宅価格や土地価格が社会資本の便益に反映されるような場合，この差をもって投資の便益を計る手法。かなりの非市場財に適用できるが，推定結果にかなりのばらつきがあるので，一つの推定だけによる結果への信頼性は低い。
③ CVM(Contingent Valuation Method：仮想評価法)：アンケート調査などで仮想的な環境変化を回答者に示して，この環境変化に対する支払い意志額や補償金額をたずねて，環境価値を評価する方法である。生態系や野生生物の存在価値などの非利用価値を評価できる。しかし，本人の意識やアンケートの設計の仕方で結果に差違が出てくるという問題がある。

　環境質の内容を説明したうえで，その質を向上するために費用を支払う必要があるとする場合に支払ってもよいと考える金額(支払い意志額：Willingness to Pay)を直接的に質問する方法と，環境質が悪化してしまった場合に元の効用水準を補償してもらう時に必要であると考える補償金額(受取補償額：Willingness to Accept)を直接的に質問する方法がある。
④ コンジョイント分析：様々な属性別に人々の選好を評価する手法。様々な属性の集まりであるプロファイルを回答者に示して，プロファイルの効用を回答者にたずねることで，属性別の価値を評価する。自動車を対象とした場合のプロファイルのイメージを図-1.1に示す。

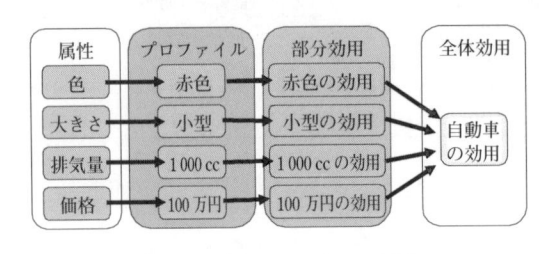

図-1.1　プロファイル(profile)[6]

公共事業の実施によりある環境空間が創出されることを考えた場合，そこを訪れる人々が増えるのであればトラベルコスト法によりそのつくり出された環境空間の価値を評価できる可能性があり，その環境空間ができたことで人々のその地域に対する満足感が高まっているのであればヘドニック法により価値を評価できる。

しかし，これから実施しようとする環境空間整備で，旅行費用が生じない場合や地価への反映が望めない場合，環境空間創出によって景観やレクリエーション，野生生物の多様性，生態系など非常に幅広い変化が予想される場合にはCVM（仮想評価法）が評価法として適している。

また，複数の事業を提示して，それぞれの実施によって得られる環境空間が異なる便益をもたらす場合には，コンジョイント分析を用いることができる。

本書では，それぞれの事業に対して，適した評価法を用いる。

1.4　エコデザイン

近年の地球環境問題の高まりの中で，公共事業においても持続可能な発展(Sustainable Development)の視点が必要となっている。ある環境改善事業の環境面での実施効果が高く，市民の満足度が高くても，ライフサイクルの環境負荷やコストが大きくなることは避けなければならない。そのため，公共事業の実施方策選択において，より実施価値・市民満足度などが高く，かつライフサイクル全体での環境負荷やコストの少ない案を採用することが重要となる。そこで従来の費用対効果に環境の視点を加えた"エコデザイン"による環境配慮型設計，事業選択が求められている [7]。

エコデザインでは製品と生産プロセスの設計において，環境的配慮をどう取り入れるかが重要となる。エコデザインは，コスト(C：製造コスト，リサイクルコストなど，ライフサイクル全体でのコスト），インパクト（I：地球温暖化，資源枯渇など地球環境に与える影響），パフォーマンス[P：利便性，顧客（市民）満足度など]の3要素で評価でき，製品の価値は$P/(C \cdot I)$で示される。Pを最大にし，CとIを最小にすることでエコデザイン評価を高めることになる。

パフォーマンスとは，製品ではライフサイクルにおける利便性，寿命，付加価

値など製品性能に重み付けを行った製品性能全体の総和である[7]。これを公共事業に応用すると，パフォーマンスは事業によりもたらされる便益，得られる環境レベルなどであり，これらは市民満足度としても評価できる。

インパクトとは，製品ではライフサイクルにおける温暖化，オゾン層破壊，酸性雨など様々な環境影響に重み付けを行った環境影響全体の総和である。これを公共事業に応用すると，その事業のライフサイクルにおいて生じる環境影響となる。ここで公共事業のライフサイクルとは，事業の計画・建設・運用・維持管理・廃棄のすべての段階を含む。

コストとは，製品ではライフサイクルにおけるランニングコスト，製造コスト，間接コストなどに重み付けを行ったコスト全体の総和である[7]。これを公共事業に応用すると，事業導入後のランニングコスト，導入時の建設コストとして評価できる。

環境改善・創造型の社会資本整備において，効果は高いがコストと環境負荷が多くなるといったトレード・オフの関係が生じる場合がある。このような問題を解決するためには，将来的に整備手法自体の技術革新(低環境負荷技術・低コスト)が必要となる。現段階で重要なことのひとつとして，事業実施者が事業に関連する情報を提供し，事業実施により便益を得る市民と協議し，トレード・オフの関係にある事業に対して，得られる効果と環境負荷，費用のバランスをいかにとるかを決定することがある。

参考文献

[1] 五十嵐敏喜，小川明雄：図解 公共事業のしくみ，東洋経済新報社，1999。
[2] 五十嵐敏喜，小川明雄：図解 公共事業のウラもオモテもわかる，東洋経済新報社，2002。
[3] まちづくりニュースレター，大分県土木建築部都市計画課まちづくり推進班。
[4] 矢嶋宏光：参加型意思決定プロセスとその技術，土木学会誌，Vol.87, No.6, pp.29-32, 2002。
[5] 中谷内一也：住民参加の心理学，土木学会誌，Vol.87, No.6, pp.33-36, 2002。
[6] 栗山浩一：図解 環境評価と環境会計，日本評論社，2000。
[7] 山本良一：戦略環境経営エコデザイン，p.12，ダイヤモンド社，1999。

第2章 上水道での高度浄水導入に対する市民の意識と評価

2.1 大阪府での高度浄水導入

2.1.1 高度浄水導入の背景

　日本の水道水は,高い浄水技術によりその安全性は確保されているものの,水道水源である河川・湖沼の水質悪化への懸念や,藻類増殖などによる異味臭の発生,消毒副生成物の増加,クリプトスポリジウムなどによる水系感染症の発生などの問題が生じており,その質が問われ始めている。また,水道水質に対するニーズの多様化と相まって,安全性はもとより,「おいしく良質な水」を供給するために高度浄水導入を求められる地域が増えている[1]。

　大阪府域ならびに阪神地域は,上水水源のほとんどを淀川に求めている。淀川は,京都市などを流域とする桂川,琵琶湖を源とする宇治川,および三重県,奈良県北部,京都府南部を流下してくる木津川の3川からなる。淀川は,流況では比較的安定しているものの,流域全体の人口密度が高く,上流の排水量が本川流量に占める割合も多く,これに起因する微生物,化学物質,農薬などによる汚染が懸念されている。

　また,淀川の年平均流量(枚方地点)は約270 m^3/s であるが,その70%を琵琶湖に依存している。琵琶湖は,窒素やリン,CODなどの理化学指標でおおむね横這い状況にあるものの,近年では生物数(特に藻類)の増加が顕著である。1969年(昭和44年)に初めてカビ臭が発生し,1979年(昭和54年)から1994年(平成6年)までは毎年連続して発生するようになった。さらに,1977年(昭和52年)からは淡水赤潮やアオコも確認されている[4]。

全国で水道水の異味臭被害人数が最も多いのも,琵琶湖・淀川水系を擁する近畿地方であり,1997年度(平成9年度)における被害人数は,15事業(うち用水供給2事業)の239万6000人と報告されている。これは全国の被害人口の37％にも達する。

大阪府域と阪神地域の水道取水点は,滋賀県,京都府などの下水処理場,屎尿処理場放流点の下流に位置しており,市街地からのノンポイント汚染源物質の流入も加わって,上水の微生物,化学物質,農薬などによる汚染が懸念されている[2]。全国的に見ても,淀川水系は,水を何度も繰り返し利用している代表的な地域であり,水源水質としては望ましい状況とはいえない。

大阪府営水道は,大阪府内の41市町村に年間約6億m^3の水道水を供給しており,全国的に見ても大規模な水道用水供給事業体である。大阪府営水道の水源の大部分は淀川である。この淀川での大阪府の上水取水口は,桂川,宇治川,木津川の3川が合流する地点よりも下流に位置する。

このような状況から,大阪府営水道は,1998年(平成10年)7月22日に村野・庭窪・三島の3浄水場でオゾン処理,活性炭処理の高度浄水施設を導入し,安全で良質な品質の高い水道水の供給を開始した[3]。供給自治体は,府内32市7町1村にものぼり,供給能力は,日量222万8500 m^3である[6]。

2.1.2 高度浄水処理水の水質評価

水源が汚染された都市で施した高度浄水処理水質[7, 8]を水源の比較的清澄な地域で通常処理を施した上水水質と比較する。

比較は,中都市(人口20万人以上:市原市,新潟市,沼津市,金沢市,春日井市,和歌山市,福山市,下関市,鹿児島市の9都市),小都市(人口20万人未満:苫小牧市,長岡市,氷見市,津市,鳥取市,別府市の6都市)の計15都市を抽出し,データを各都市にヒアリング調査し,評価した。

評価方法として,北九州市水道局が作成した「おいしい水の指標」(以下,「指標値」)を用いて水質の評価を試みた[9]。「指標値」は,おいしい水の要件および快適水質項目などの中から評価に適した項目を抽出し,次のように算出式を定義したものである。

$$S_1 = (2-色度)/5$$

$S_2 = (0 - 臭気強度)/3$

$S_3 = (0.4 - 残留塩素)/1$

$S_4 = (100 - 総硬度)/300$

　　ただし，総硬度が10～100の範囲内は100とする。

$S_5 = (3 - KMnO_4消費量)/3$

$S_6 = (0 - THM)/0.1$

S_1～S_6の各指標値を次の算出式を用いて標準化し，「指標値」とする方法である。

$$指標値 S = \sum_{k=1}^{6}(S_k \times 10) + 100$$

ここで，指標値は100を超えるほどよりおいしい水となる。よって，S_1～S_6の各指標値は，大きいほどおいしい水と評価できる。各指標値の評価結果を図-2.1に示す。特に，高度浄水導入前の臭気強度の指標値は，他の都市と比較して高い。高度浄水導入後の臭気強度の指標値も，中都市，小都市より若干高いが，導入前と比較すると大きく改善されている。臭気強度以外の水質項目の指標値は，高度浄水導入により他の都市と比べても大きな差はない値となっている。

次に，総合得点を示した指標値を図-2.2に示す。指標値でも高度浄水前は他の都市と比べて30ポイント程度低かったが，高度浄水後は10ポイント程度の差となっている。高度浄水後でも他の都市と比較して10ポイント程度低いのは，臭気強度が他の都市と比較して若干高いためである。

水源の悪化した都市での高度浄水した上水の質は，水源の清澄な地域の上水のレベルにまで近づきつつある。

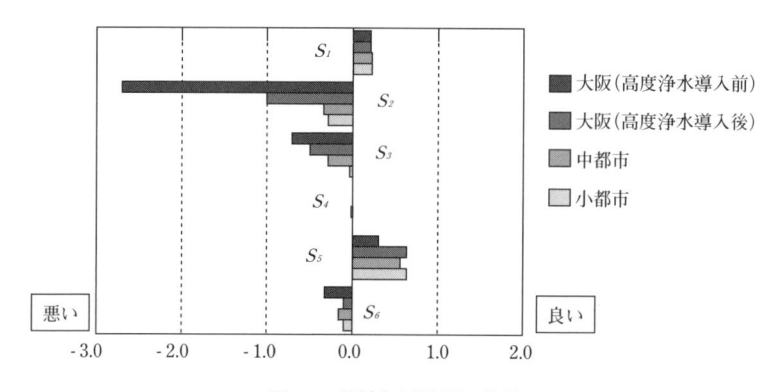

図-2.1　飲料水の指標値の比較

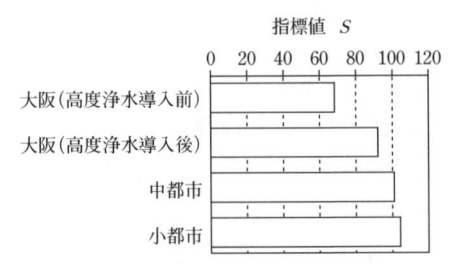

第 2 章　上水道での高度浄水導入に対する市民の意識と評価

図-2.2　飲料水の総合指標値 S の比較

2.2　高度浄水導入直後の評価

　今後の水道事業において何らかのフィードバック機能を担保するため事後評価により，利用者の意向をサービスに反映させていく必要がある．この事後評価は，評価の時間断面も一つに特定されるのではなく，連続的に繰り返し行う必要がある[4]．特に，水道事業は，水道料金を前提とする独立採算性を原則としているため，高度浄水した上水を供給することによって生まれる便益を利用者が継続して認識することにより，事業に対する住民の合意を得ることが求められている．

　そこで，大阪府下において，高度浄水導入直後のアンケート調査により高度浄水供給により府民が認識している便益を明らかにした．府民の便益は，高度浄水導入による水道水に対する意識変化，水道水の代替物として主に利用されている家庭用浄水器，市販の水の使用状況の変化，CVM（Contingent Valuation Method：仮想評価法）[11] による高度浄水への支払い意志額（Willingness To Pay；WTP）の推定により評価した．ここで様々なバイアスの生じる可能性が指摘されている CVM を用いたのは，高度浄水導入直後の需要者（府民）を対象としていることから，実際に被験者が十分に高度浄水を認識できバイアスを軽減できることと，給水地域が明確であり対象となる世帯が明らかであるためである．また，高度浄水導入効果を需要者に認識させるための要因を検討するため，高度浄水導入による水道水への満足感を高める要因や高度浄水への支払い意志額に影響を与える要因について分析を行った．

2.2.1 調査概要

調査は,府営水道が1998年(平成10年)7月から高度浄水を供給した大阪府内3市(豊中市,東大阪市,吹田市)の家庭を主に直接訪問し,アンケート用紙を配布・回収する配票調査法により実施した。アンケート調査の内容を**表-2.1**に示す。調査期間は1998年8月下旬〜10月上旬,配布・回収枚数は451枚であった。アンケート被験者の属性を**表-2.2**に示す。アンケート被験者の約60％が家庭の主婦であったが,主婦は各世帯の中で最も水道水の使用頻度が多く,水道料金の直接的な支払い者であることから,アンケート調査結果には十分府民の意志が反映されていると考えた。

表-2.1 アンケート調査内容

水道水に関する調査	高度浄水処理導入の認知度
	高度浄水導入による水道水への満足度変化
	水道水に対する不満・不安の理由
家庭用浄水器に関する調査	家庭用浄水器の使用状況
	家庭用浄水器の満足度
	高度浄水導入後の家庭用浄水器に対する意識変化
市販の水に関する調査	市販の水の購入状況
	市販の水の購入目的
	高度浄水導入後の市販の水に対する意識変化
水の使用状況に関する調査	高度浄水,家庭用浄水器,市販の水の高度浄水導入前後の使用状況
CVM調査	高度浄水への支払い意志額

表-2.2 アンケート回答者属性

性別	男性：15%　　女性：85%
年齢	20代：6%　　30代：21%　　40代：27%　　50代：27%　　60代：14%　　70代以上：5%
職業	会社員：8%　　公務員：15%　　自営業：5%　　主婦：58%　　その他：14%
住居形態	一戸建て：71%　　マンション・その他：29%

2.2.2 高度浄水導入による水道水,家庭用浄水器,市販の水に対する意識変化

高度浄水導入による府民の水道水,家庭用浄水器,市販の水に対する意識変化

を明らかにした。

(1) 水道水

高度浄水の認知度(図-2.3)を見ると，高度浄水が始まったことを知っていた人は47％であった。高度浄水導入前後に行政は，新聞，テレビ，府民便り，インターネットなどで広報を行っていた。それにもかかわらず，高度浄水導入を知っている人が半数に満たない理由として，行政の発信する情報への関心の低い人々がいることが考えられる。高度浄水が導入されたことを知っている人の情報の入手手段としては，「新聞」，「テレビ」，「府民便り」が多く，人づてに聞いた人が15％以上いた(図-2.4)。

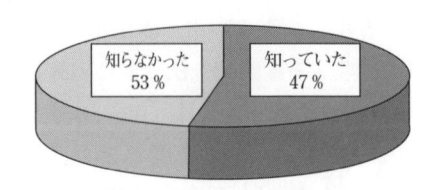

図-2.3 高度浄水の認知度

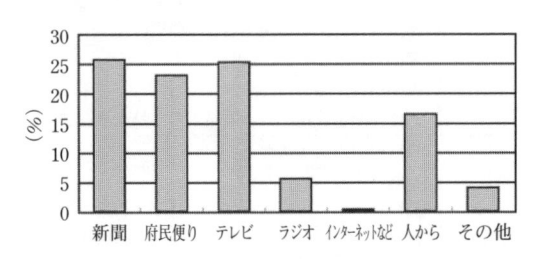

図-2.4 情報入手手段

高度浄水導入により水道水の味の変化を感じたか(図-2.5)については，「感じた」，「そういえば違うような気がする」と答えた人が回答者の37％程度であった。変化を感じた人の64％は「くさみがなくなった」ことで変化を感じており，次いで「何となく良くなった」(27％)，「おいしくなった」(9％)であった。

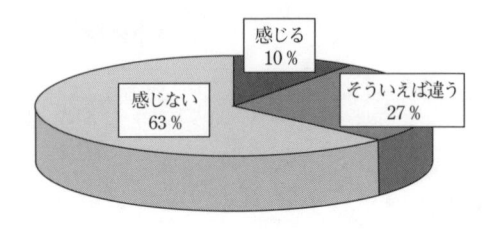

図-2.5 味の変化の感知

高度浄水導入前後の水道水への満足度を示した図-2.6を見ると，高度浄水導入前では水道水に対して77％の人が不満に思っていたが，導入後はこれが22％に

2.2 高度浄水導入直後の評価

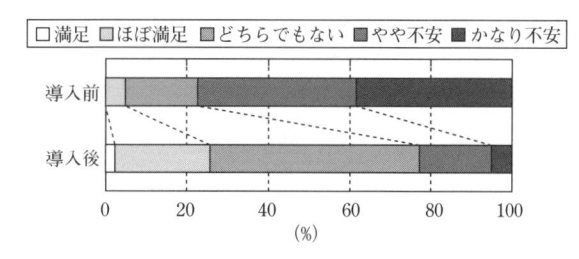

図-2.6 導入前後の水道水への満足度

減少している。さらに，導入前，満足に思っていた人はわずか5％であったが，導入後は26％に上昇している。高度浄水導入により府民は，水道水への満足度を高め，不安を解消しているが，導入後でも「どちらでもない」と評価している人が52％おり，府民は十分満足しているとはいえない。

高度浄水導入前に「やや不安」，「かなり不安」と答えた人の導入前後の不安・不満の原因を図-2.7に示す。高度浄水導入により「カルキ臭」，「変な味がする」などの味・においに関して不満・不安に感じている人は80～90％程度減少した。また，安全性に関する不満・不安の原因である「トリハロメタンが心配」と感じている人は60％，「漠然と心配」と感じている人は40％程度減少した。安全性に関する不満・不安は，味に関する不満・不安と比較して解消されていない。特に「漠然と心配」と感じている人が減少していない。その理由として，味に比べて安全性は向上したことを実感できないこと，安全性に対する正しい認識が十分でないことが考えられる。

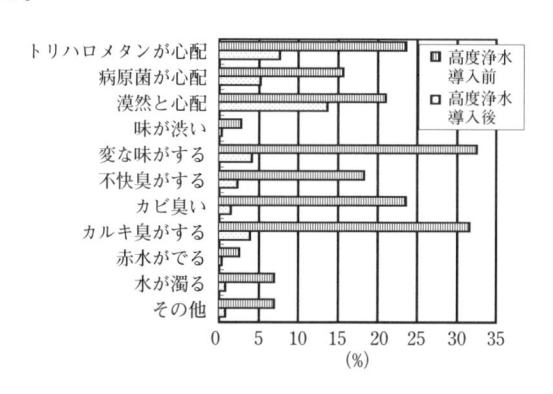

図-2.7 導入前後の不安・不満の原因（複数回答あり）

第2章　上水道での高度浄水導入に対する市民の意識と評価

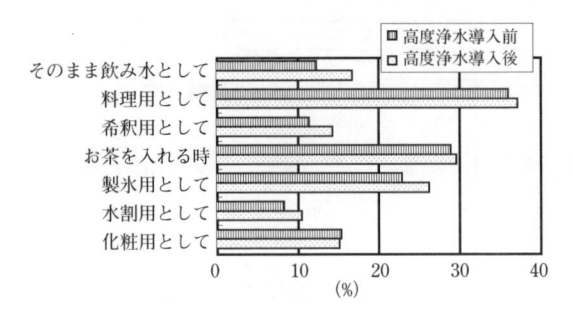

図-2.8　導入前後の水道水の使用用途（複数回答あり）

　回答者全員に質問した高度浄水導入前後の水道水の使用用途（**図-2.8**）を見ると，導入前後ともに料理やお茶など水道水に熱を加える用途が多い。高度浄水導入により今まで水道水の味や安全に対して不安や不満に思っていた要因が減少し，水道水への満足感は増加したが，各用途の水道水使用量は導入前より若干しか増加していない。これは，漠然と安全面に対して不安を感じている人が減少していないことが原因であると推察される。用途別では，飲み水用や希釈用などの直接飲料水として使う用途の使用量は，熱を加えて利用する用途の使用量よりも若干増加している。

(2) 家庭用浄水器

　家庭用浄水器を設置している家庭は，50％程度であった（**図-2.9**）。家庭用浄水器の設置理由は，「味がおいしくなるように」(37％)，「安全性を高めるために」(31％)であり，水道水への不満が主な理由である。また，高度浄水と家庭用浄水器の味の違いを示した**図-2.10**を見ると，家庭用浄水器を設置している約60％の人が「家庭用浄水器の水の方がおいしい」，約35％の人が「変わらない」，「わからない」と評価している。

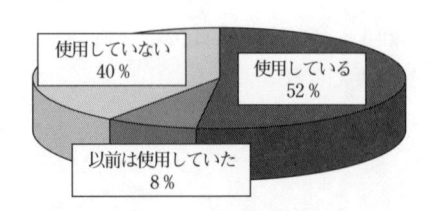

図-2.9　浄水器使用状況

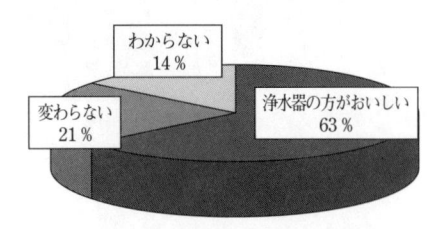

図-2.10　高度浄水と浄水器の味の比較

2.2 高度浄水導入直後の評価

高度浄水後の家庭用浄水器の使用予定を示した**図-2.11**では，導入後も家庭用浄水器を83％の人がそのままつけておくと答えている。その理由は，水道水に対する漠然とした不安が解消されていないこと，調査時点では導入後あまり日数が経過していないことが考えられる。

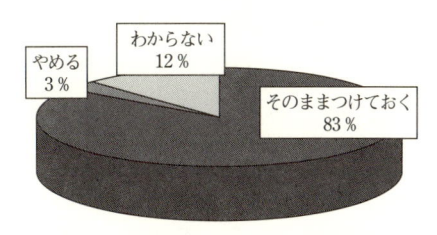

図-2.11 高度浄水導入後の浄水器設置状況予測

(3) 市販の水

市販の水の購入状況を示した**図-2.12**を見ると，週1回以上購入する人は37％（週3日以上：19％，週1～2日程度：18％）であり，全く購入しない人は33％であった。市販の水を購入している人の主な購入理由は，「おいしいから」（38％），「安全性を高めるために」（26％）であるが，浄水器の使用理由と異なり，「ミネラル補給」や「何となく」という回答が見られた。

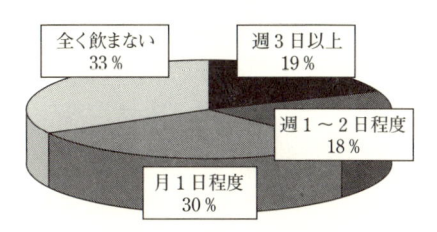

図-2.12 市販の水の購入状況

また，高度浄水と市販の水の味の違いを示した**図-2.13**を見ると，市販の水を購入している人で市販の水の方がおいしいと答えたのは，42％であり，過半数の人は，「わからない」，「変わらない」と感じている。

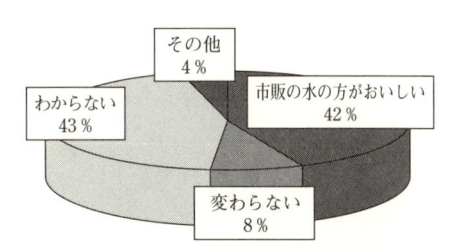

図-2.13 高度浄水と市販の水の味の比較

市販の水の購入している人の高度浄水導入後の購入予定を示した**図-2.14**を見ると，導入により市販の水を購入していた人のうち，19％は「買うのを控える」，5％は「買うのをやめる」と答えており，購入抑制意識が高まっている。

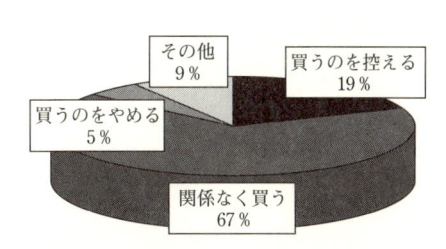

図-2.14 高度浄水後の市販の水の購入予定

(4) 高度浄水導入による意識変化

(1)～(3)の結果から高度浄水導入は，府民の水道水への不安感を減少させ，満足感を増加させていることがわかる。しかし，飲料水用や料理用などの水道水使用量は，導入前より若干しか増加しておらず，また，家庭用浄水器を設置している家庭では引き続き利用する世帯が多い。これは，水道水に対する漠然とした不安が高度浄水導入後も解消されていないためであると考えられる。一方で，市販の水を購入していた人は，市販の水の購入を抑制しようとする意識が高まっている。今後，府民が安心して水道水を今以上に利用するようになるためには，水道水の供給者は，高度浄水導入と安全性の向上の関係をより明確に示し，情報提供することが重要である。

2.2.3 水道水への満足感を高める方法

高度浄水導入効果を需要者に認識させる方法を検討するため，高度浄水導入による水道水への満足感を高める要因を分析した。

(1) 味の感知と高度浄水の認知度（図-2.15）

味の変化を感じた人の84％は，高度浄水が導入された情報を主に「新聞」，「テレビ」，「府民便り」により知っていた。逆に，味の変化を感じなかった人は，36％しか導入されたことを知らなかった。これより，人々は高度浄水が導入されたことを認識することによって味の変化を感じやすくなることがわかる。

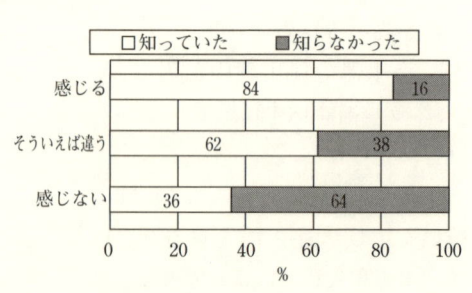

図-2.15 味の感知と高度浄水の認知度

(2) 味の感知と高度浄水導入前後の満足度（図-2.16）

水道水の味の変化を感じた人のうち，水道水に「満足」，「ほぼ満足」と回答した人の割合は，高度浄水導入で11％から67％に上昇した。逆に，変化を感じない人のうち，水道水に「満足」，「ほぼ満足」と回答した人の割合は，導入で5％から

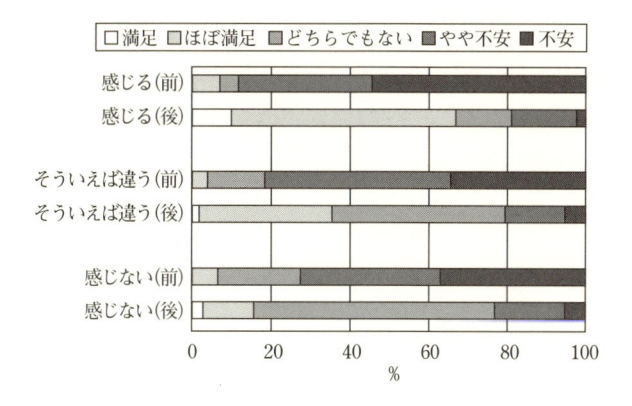

図-2.16 味の感知と導入前後の満足度

15％に上昇したが，味の変化を感じた人よりもその上昇度合いは少ない．同様に，「不満」，「やや不満」と回答した人の減少率も味の変化を感じた人の方が高かった．

すなわち，高度浄水事業の情報を知っている人の方が知らない人より味の変化を感じやすくなり，水道水への満足感は増加している．

2.2.4 CVM評価

(1) シナリオの設定

本書では，支払いカード方式(Payment Card)を用いて高度浄水導入による安全性と味の向上への支払い意志額を個別に被験者に質問した．高度浄水処理導入により300～450円/月/世帯程度かかる[12]ことから，提示する金額は安全性の向上，味の向上の項目でそれぞれ「支払いたくない」，「100円/月/世帯」，「300円/月/世帯」，「500円/月/世帯」，「1 000円/月/世帯」，「2 000円/月/世帯」とし，「3 000円/月/世帯」以上は自由回答とした．

(2) バイアスの補正

CVMは意識調査であるため，多くのバイアス発生が懸念されるが，バイアス発生を低減させるため，極力，NOAA(国家海洋大気管理局)のガイドライン[13]に準拠するように努めた．なお，このガイドラインには，CVM評価結果の信頼

性を高めるための注意事項が網羅されており，CVMを実施する際の基準の一つとなっている[11]。高度浄水に関する質問について無回答のもの，明らかに論理的矛盾が含まれているサンプルは除外し，バイアスの補正を行った。除外対象を**表-2.3**に示す。除外サンプルを除く有効回答数は259となった。

表-2.3 サンプル除外対象

除外サンプルとその理由	バイアス名	該当者数（人）
属性が学生の場合は，水道料金負担の認識が希薄なため除外する。	母集団選択バイアス	3
「水道料金を高いと思うか」という質問に対して「わからない」と答えている人は，水道料金に対する認識が希薄であると考えられるので除外する。		44
住居年数が1年未満の人は，その地域の以前の水道水をあまり知らないので除外する。	地理的集計バイアス	17
「あなたは高度浄水の変化を感じるか」という質問に対して「感じない」と答えたにもかかわらず，高額のWTPを回答しているものを除外する。	回答矛盾バイアス	21
「あなたは高度浄水の変化を感じるか」，「以前の水道水の満足度」，「高度浄水後の満足度」，「高度浄水への支払い意志額」に関する質問項目のいずれかが無回答である回答は，高度浄水を理解していないとみなし除外する。		122
「以前の水道水の満足度」と「高度浄水後の満足度」の満足度の変化がない，もしくは満足度が減少していると回答した人で，高額のWTPを回答しているものを除外する。		13
高度浄水後の満足度が「やや不安」，「かなり不安」と回答した人で，高額のWTPを回答しているものを除外する。		11

(3) 高度浄水への支払い意志額推定

有効サンプルを用いて1か月1世帯当りの高度浄水への支払い意志額(WTP)を推定した。安全性，味の向上への支払い意志額の分布を**図-2.17**に示す。今回の調査では，「支払いたくない」～「1 000円/月/世帯」までの回答比率が高く，「2 000円/月/世帯」，「3 000円/月/世帯」の回答比率は低かった。平均支払い意志額では，味の向上への支払い意志額が551円/月/世帯，安全性の向上への支払い意志額が624円/月/世帯となった。安全性の向上への支払い意志額の方が味の向上より70円/月/世帯高い結果となり，府民の要望は味の向上よりも安全性の向上の方が大きいと判断できる。

今回，算出した味の向上への支払い意志額は551円/月/世帯，安全性の向上への支払い意志額は624円/月/世帯であるが，これらを単純に合計すると，高度浄

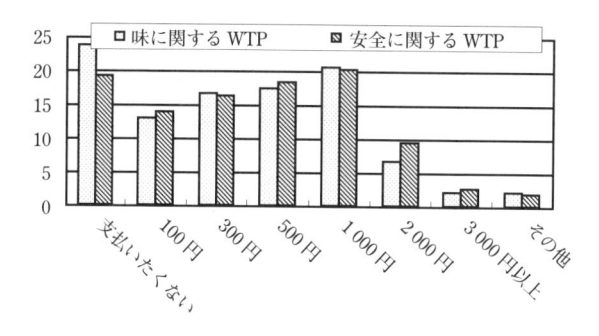

図-2.17 高度浄水へのWTPの分布

水への支払い意志額としては過大に見積もる可能性がある．CVMによる高度浄水への支払い意志額調査を行った既往研究としては，本書とは質問方法，質問内容，回答者の高度浄水の経験の有無などが異なるが，明石ら(1994)[14]の研究が報告されており，そこでの高度浄水への支払い意志額は1 035.7円/月/世帯であった．したがって，高度浄水への支払い意志額は600〜1 000円/月/世帯程度の間であると推測する．

1人1日500 mLの市販の水を飲むとして，1世帯1か月当りの市販の水の購入費用を算出した．市販の水の価格を2 L約230円，1世帯当りの人数を3名とすると，1か月1世帯当りの市販の水の購入費用は約5 200/円/月/世帯となる．市販の水の購入費用は，水道水が改善されることへの支払い意志額より多く，高度浄水は市販の水ほどの経済的価値を持っていない．

高度浄水導入費用と高度浄水への支払い意志額を比較した．高度浄水導入に約15円/m^3程度必要となる[12]とすると，府営水道は年間約6億m^3を供給しているので，高度浄水導入により年間90億円程度かかることになる．一方，本研究で算出した味の向上への支払い意志額は551円/月/世帯，安全性の向上への支払い意志額は624円/月/世帯で，大阪府営水道の対象とする世帯数は約220万世帯であるので，味の向上への総支払い意志額は約145億円/年，安全性の向上への総支払い意志額は約164億円/年となる．高度浄水導入による意識的な便益(支払い意志額)の費用に対する比率で表せる費用便益比は，味の向上，安全性の向上ともに1以上となり，高度浄水導入費用よりも府民の支払い意志額は高い．

(4) 支払い意志額に影響を与える要因

年代と高度浄水への支払い意志額の関係を示した**図-2.18**を見ると，50代までは年代が高くなるにつれ高度浄水への支払い意志額は高くなる傾向が見られた。

市販の水の購入頻度と支払い意志額の関係を示した**図-2.19**では，"よく飲む(週3回以上)"，"たまに飲む(週1～2回程度)"，"あまり飲まない(1か月1回度)"，"全く飲まない"の順に支払い意志額は低下している。また，安全の向上への平均支払い意志額は，市販の水をよく飲む人は840円，全く飲まない人は470円となった。前者の方が高くなった理由として，市販の水を購入している人は安全でよりおいしい水を望んでいること，高度浄水導入により市販の水に使っていた金額を高度浄水のために転換してもよいという意志がはたらいた(高度浄水導入により市販の水の購入を控える：19％，やめる：5％)と考えられる。

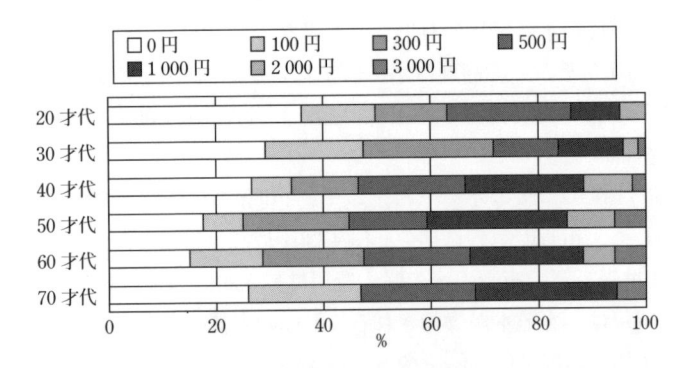

図-2.18 年代と支払い意志額＜安全の向上＞

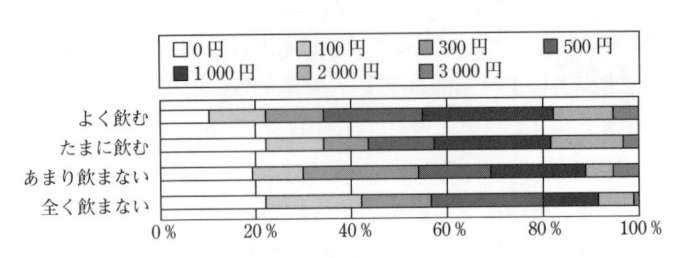

図-2.19 市販の水の購入頻度と支払い意志額＜安全の向上＞

2.2.5 まとめ

　高度浄水導入により府民が認識する便益を明らかとし，便益を需要者に認識させるための要因を検討し，以下の結果を得た。
① 高度浄水導入は水道水に対して不満に思っていた77％の人を22％に減少させるなど，水道水への不安感を減少させ，満足感を増加させた。
② 高度浄水導入により味・においに関して不満・不安に感じている人は80～90％程度減少したが，安全性に関して不満・不安に感じている人は40～60％程度しか減少してない。
③ 飲料水用や料理用などの水道水使用量は高度浄水導入前より若干しか増加しない。
④ 高度浄水導入により市販の水の購入抑制意識が高まったが，家庭用浄水器を設置している家庭では浄水器を引き続き利用する世帯が多い。
⑤ 高度浄水が導入されたことを認識することによって味の変化を感じやすくなり，水道水への満足感も増加していることから，高度浄水事業のPR活動は重要である。
⑥ CVMで推定した味の向上への支払い意志額は551円/月/世帯，安全性の向上への支払い意志額は624円/月/世帯であり，安全性の向上への府民の要望の方が味の向上よりも大きい。

　高度浄水導入便益を需要者に認識させ，そのための費用負担の理解を得るため，ならびに住民が水道水を安心して今以上に利用するようになるためには，水道水の供給者が高度浄水導入と安全性の向上の関係をより明確に示し，情報提供することが重要なポイントである。

　また，事業経過後は情報提供量が減少するのが一般であり，導入直後より府民の高度浄水への便益は低下している可能性がる。そのため，事業経過後の高度浄水への便益や意識，事業に関する情報提供の府民への浸透度を調査することも必要である。

第2章 上水道での高度浄水導入に対する市民の意識と評価

2.3 高度浄水導入1年後の評価

　ある公共事業が実施された場合，これによって新たな便益が創出されるため，事業実施直後の当該事業に対する市民の評価は高くなるのが通常である。その後は，自分たちが享受する便益に慣れていくことによって事業に対する評価は相対的に低下していく傾向がある。

　そこで，高度浄水事業導入から1年が経過した時点で，もう一度高度浄水への便益や意識，事業に関する情報提供の府民への浸透度を調査し，事業経過後の府民の高度浄水事業への評価，および家庭用浄水器，市販の水の使用状況の変化を明らかにすることで，このような事業実施から時間が経過した場合の事業に対する評価の変化を調べてみた。

　調査は，大阪府内3市(主に豊中市，東大阪市，吹田市北部)の家庭を直接訪問し，アンケート用紙を配布・回収する配票調査法により実施した。調査は，事業経過1か月後と1年後の計2回行い，回答者数は1か月後451人，1年後301人であった。調査内容は，事業経過後の高度浄水による水道水への意識変化，事業に関する情報提供の府民への浸透度などとした。アンケート被験者は，両調査とも約60～70％が家庭の主婦であったが，主婦は各世帯の中で最も水道水の使用頻度が多いことから，アンケート調査結果には，十分，府民の意志が反映されていると考えた。

2.3.1　水道水に対する意識・評価

　利用者が高度浄水導入の便益を認識するには，高度浄水導入による水道水の味やにおいの変化を感じることが必要となる。しかし，導入1か月後においては，図-2.20に示すように水道水の変化を「感じた」，「そういえば違うような気がする」と答えた人が回答者の37％程度と過半数にも達していなかった。導入1年後の水道水のにおいに対する評価を示した図-2.21を

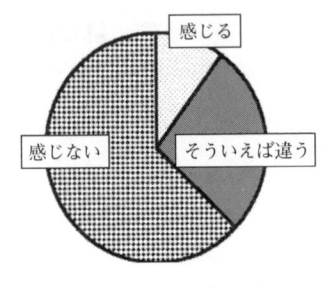

図-2.20　水道水の変化感知
(1か月後)

2.3 高度浄水導入1年後の評価

見ると，約50％の人[「くさみがなくなった」(14％)，「何となく，なくなった」(34％)]が水道水のくさみに対する不満を解消している。導入1か月後より時間が経過した導入1年後の方が高度浄水導入による水道水の変化を感じる傾向が見られた。しかしながら，導入経過1年後でも，約50％の人しか水道水の変化を感じていない。

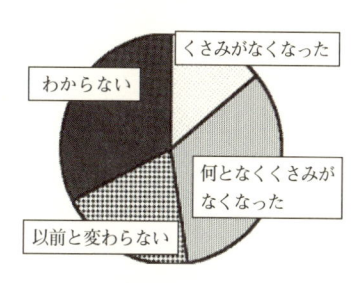

図-2.21 水道水のにおいの変化感知（1年後）

前述したように，事業経過1か月の水道水に対して利用者の52％は「どちらでもない」と評価しており，「やや不安」(17％)，「かなり不安」(5％)を合わせると，約75％の利用者は十分満足しているとはいえなかった。

事業経過1年後の高度浄水導入よる水道水への不満・不安の解消状況を図-2.22に示す。高度浄水により「何となく解消された」と回答した人が最も多く46％であり，「解消されていない」と回答した人も39％と多い。高度浄水導入後も8割程度の利用者が水道水に対して何らかの不満，不安を感じている。また，完全に水道水への不安が解消された人は，わずか4％であった。

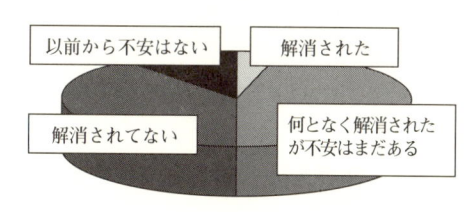

図-2.22 高度浄水の安全性評価（1年後）

高度浄水導入により何らかの不安が解消された人（「解消された」，「何となく解消された」）の解消された不安理由と，高度浄水導入後も水道水への不安があると回答した人（「解消されていない」）の現在の水道水への不安理由を比較して図-2.23に示す。高度浄水により解消された不安としては，「カルキ臭」(54％)や「カビ臭」(49％)などのくさみに対する不安が解消されている。

これは，図-2.21で示したように，高度浄水による水道水の変化を利用者の約50％が認識していることが影響していると考えられる。逆に，現在の不安理由としては，「水源が汚れているから」が回答者の6割を占め，最も大きな不安の理由となっている。高度浄水導入は府民の水道水のくさみ，味に対する不安感を減少させたが，水源汚染の不安など漠然とした不安により利用者はいまだに水道水

第2章 上水道での高度浄水導入に対する市民の意識と評価

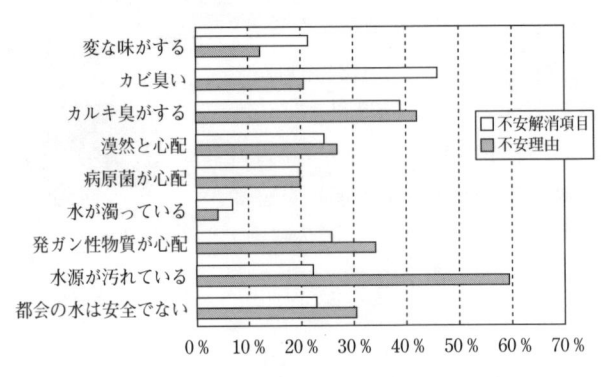

図-2.23 不安解消項目と現在の不安項目(1年後)

に不安を抱いているのが現状である。今後，府民が安心して水道水を今以上に利用するようになるためには，水道水の供給者は水源の情報と高度浄水導入と安全性の向上の関係をより明確に示し，これらに関する情報を提供することが重要である。

2.3.2　家庭用浄水器の使用状況変化，市販の水の購入状況変化と評価

現在，ミネラルウォーターの生産量は年々増加しており，浄水器の家産への普及も進んでいる。ここでは，事業経過1か月後，1年後において事業実施前と比較して家庭用浄水器，市販の水の利用購入形態がどのように変化したかを考察した。

(1) 家庭用浄水器使用状況の変化

事業経過1か月後，1年後における家庭用浄水器の使用状況を示した**図-2.24**を見ると，事業経過1年後までに使用していた浄水器を取り外した人は回答者のわずか4％であり，ほとんどの家庭では導入後でも浄水器を継続して使用している。また，導入後から使用を始めた人も同程度いるため，導入1年後の家庭用浄水器の設置率は49％と高く，これは導入1か月後の

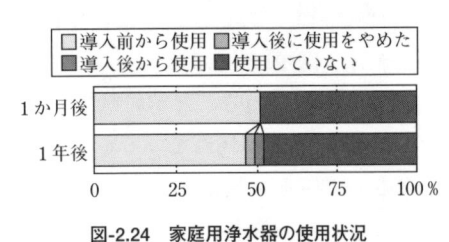

図-2.24　家庭用浄水器の使用状況

52％と同程度である．家庭用浄水器の設置している人の設置理由は，「安全性を高めるため」(44％)が最も多く，次いで「水道水は不安」(37％)となっており，水道水への信頼は回復できていない．

(2) 市販の水の購入状況の変化

市販の水を月1回以上購入する人に対して，事業経過1か月後は今後の購入予定，1年後は実際の購入状況をどのように変化させたか質問した結果が図-2.25である．事業経過1年後には実際に約20％の人が「買うのをやめた」，「買うのを控えた」と回答しており，市販の水の購入を抑制している．次に，事業経過1年後の実際に市販の水を購入している頻度を事業経過後1か月と比較して図-2.26に示す．

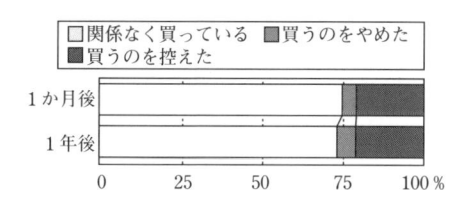

図-2.25 市販の水の購入意識変化

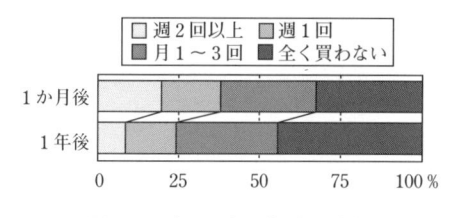

図-2.26 市販の水の購入頻度変化

1か月後と1年後では回答者が異なるため，単純に比較はできないが，「週2回以上買う」と回答した人は1か月後で19％であったのが，1年後では9％に減少している．逆に「全く買わない」と回答した人は1か月後で32％であったのが，1年後では43％に増加している．これは図-2.25で示したように，実際に利用者が市販の水の購入を控えたことによるものと推測できる．また，市販の水に対しては「安全の基準がわからない」，「製造過程が心配」などの理由により1年後の回答者の約60％が不安を抱いている．これが市販の水の購入を控えることに影響を及ぼしている可能性もある．

2.4 転入者の高度浄水に対する評価

種々の問題を高度浄水導入によって解決した大阪府の上水を，大阪へ新たに転入してきた人々がどのように評価しているのかを調査した．これにより，水源の

第2章 上水道での高度浄水導入に対する市民の意識と評価

悪化した都市域で高度浄水した上水と,水源の比較的清澄な地域での通常処理を施した上水を,利用者がどう評価しているかを明らかにした。

調査は関西大学に在籍している学生のうち,大学入学により新たに大阪に転入してきた転入者を対象に,現在利用している高度浄水した上水と,生まれ育った出身地の上水に対する意識調査を行った。回収者数は156人,調査時期は高度浄水導入1年後である。転入者の出身地は,大阪府以外の関西地方(28%),中国地方(23%)が多く,次いで中部地方(18%),九州地方(13%)となっている。

なお,アンケート被験者の学年は,大学1回生～4回生の転入者であるが,1回生のみ高度浄水導入後に大阪に転入してきた学生となっている。

また,転入者と同様のアンケートを大阪に従来から居住している人々(302人)を対象に実施し,大阪で長く居住している人々と新たに大阪に転入してきた人々の,高度浄水導入前後の水道水に対する評価と意識を調査した。

調査内容を次に示す。

① 現在利用している高度浄水した上水と生まれ育った出身地の上水に対する意識。
② 高度浄水導入前転入者(2回生～4回生),導入後転入者(1回生)の高度浄水した上水への意識。
③ 都市出身者と都市転入者の高度浄水への意識。
④ 転入者の転入前後の水補給ライフスタイル。

2.4.1 転入者の水道水に対する意識と評価

高度浄水した上水と生まれ育った出身地の上水の味に対するそれぞれの評価を図-2.27に示す。高度浄水した上水に対して転入者の85%は「まずい」,「ややまずい」と感じており,「おいしい」,「ややおいしい」と感じている人はいない。一方,転入者が生まれ育ったそれぞれの出身地の上水に対しては,7%の人しか「まずい」,「ややまずい」と感じておらず,逆に,52%の人が

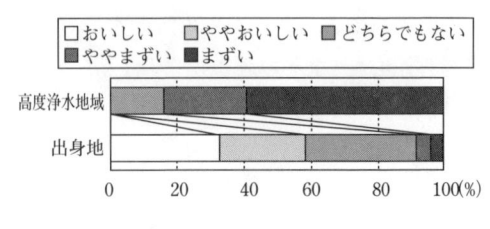

図-2.27 転入者の水道水の味への評価

2.4 転入者の高度浄水に対する評価

「おいしい」,「ややおいしい」と感じている。

また，転入者の出身地の上水と高度浄水した上水の水道水の安全性への評価を比較した図-2.28を見ると，転入者の75％は高度浄水した上水に対して「不安がある」と感じているが，それぞれの転入者の出身地の上水に対しては11％の人しか不安を感じていない。転入者は，高度浄水した上水に対して生まれ育った出身地の上水よりもかなり低い評価をしている。

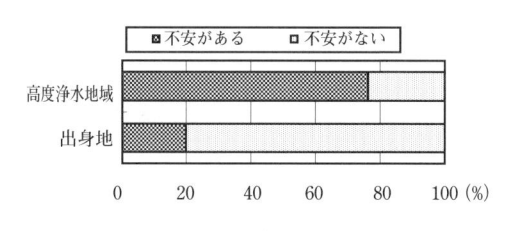

図-2.28 転入者の水道水の安全性への評価

水道水に対して抱いている不安の理由を尋ねた結果を示した図-2.29を見ると，特に，「変な味がする」,「水源が汚れている」,「水が安全でないイメージがある」の項目で，高度浄水した上水に対して出身地の上水より不安に感じている。高度浄水した上水の質は，水源の清澄な地域の上水のレベルにまで近づきつつあるが，上記に示すように都市転入者が高度浄水した上水に対して生まれ育った上水よりもかなり低い評価をしている。都市転入者の評価基準は出身地の上水にあり，それと比較して現在利用している上水にはいまだ不満・不安を残しているのが現状である。

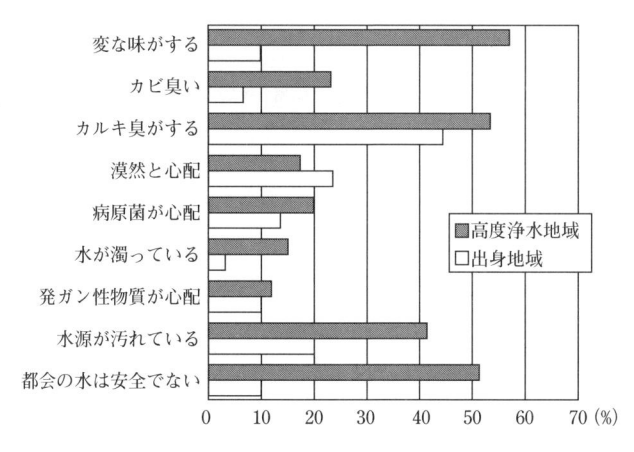

図-2.29 転入者が水道水に不安を抱く理由

第2章 上水道での高度浄水導入に対する市民の意識と評価

2.4.2 転入状況の違いによる評価の差

(1) 導入後転入者の高度浄水への意識と評価

導入後転入者と導入前転入者の高度浄水した上水の味への評価を比較したのが図-2.30である。導入後転入者で高度浄水した上水を「まずい」、「ややまずい」と答えた人は82％であり、導入前転入者では84％であった。転入時期が

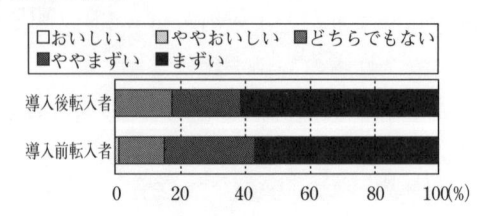

図-2.30 転入時期による高度浄水された水道水の味への評価の違い

高度浄水導入前である転入者と導入後の転入者に、高度浄水した上水の味の感じ方の差はほとんどなかった。また、水道水の安全性に不安を感じている割合も同程度であった。

全体として評価に差は見られず、高度浄水導入前の上水を数年間利用していても、上水の評価基準は出身地の上水にあり、それと比較して、現在利用している上水にはいまだ不満・不安を残した評価となっている。

(2) 大阪への転入者と大阪居住者の高度浄水された水道水への評価の違い

転入者と同様のアンケートを大阪に従来から居住している人々を対象に実施し、前から大阪に住んでいる人々と大阪に転入してきた人々の高度浄水への意識の違いを考察した。高度浄水の味への評価を示した図-2.31を見ると、転入者の84％は、水道水を「まずい」、「ややまずい」と感じているのに対し、大阪居住者では56％である。

また、高度浄水への安全性の評価も同様の傾向が見られた。これより、やはり、転入者の水道水についての評価の基準は長年慣れ親

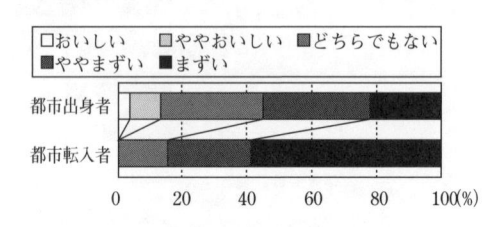

図-2.31 大阪居住者と転入者による水道水の味についての評価の違い

しんできた出身地の上水にあり、それと比較して現在利用している大阪の上水には、たとえ高度浄水されてはいても、いまだ不満・不安を持っている。

転入者の出身地での水道水の用途と大阪での水道水の用途を聞いてみた。その

2.4 転入者の高度浄水に対する評価

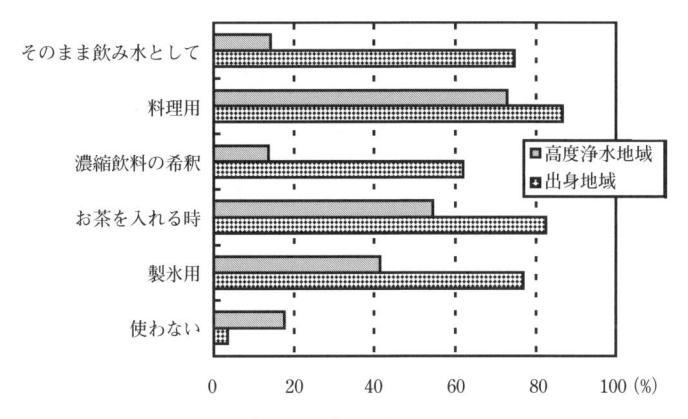

図-2.32 大阪の上水（高度浄水）と出身地の上水の利用用途の違い

結果を図-2.32に示す。出身地では水道水をそのまま飲み水として約75％の転入者が利用していたのに対して，転入後はわずか15％程度しかそのまま飲み水として利用していない。同様に製氷用や濃縮飲料の希釈用などの使用も減っている。このように，直接水道水の口に入れる使用用途については都市に転入することにより使用を控える傾向も見られ，このような用途の変化を高度浄水導入は抑え切れていないのが現状である。

転入者の出身地と大阪での市販の水の購入頻度を示した図-2.33を見ると，転入者は出身地で市販の水を月1回以上購入していた人は25％であったが，大阪に移住してきてからは60％の人が市販の水を月1回以上購入している。

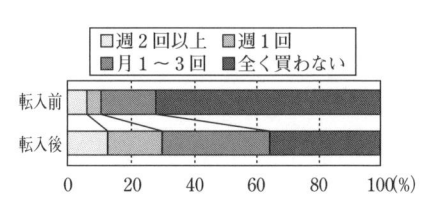

図-2.33 大阪への転入前後での市販の水の購入状況の変化

以上のように，都市転入者は，以前は水道水をそのまま飲料用水として利用していたが，転入に伴ってこれが水道水から市販の水へシフトしている。このシフトを高度浄水導入は抑え切れていない。このような市販の水へのシフトを抑制するには，高度浄水した上水の質(味など)などに関する信頼性回復・向上が必要であるとともに，水源水質の改善が必要である。

2.5 市民の評価に対応した上水道サービス

「安全でおいしい水」という水準への利用者のニーズは高く,高度浄水導入後も,依然として水質面で不安を抱く人が多い.また,都市転入者は生まれ育った地域の上水より高度浄水された上水に対してかなり低い評価をしている.

これからの水道は,最低限の給水サービス水準を確保するだけでなく,利用者の意向を水道のサービスに反映させていく必要があり,ここでは,高度浄水事業に対する利用者の評価を高める方策ならびに今後の水道サービスのあり方を,これまでの調査結果とその解析から検討した。

2.5.1 事業に関する情報提供

高度浄水導入後のサービスの質や内容の決定に際し,利用者の意向を反映できるようにするためには,まず適切な情報提供は不可欠である。ここでは,高度浄水事業の府民への浸透度と情報提供による効果を明らかにする。

高度浄水導入前後に行政は新聞,テレビ,府民便り,ラジオなどで広報を行っていた。高度浄水導入の認知度を示した図-2.34を見ると,高度浄水が始まったことを知っていた人は導入1か月後では47%,導入1年後では40%とどちらも過半数に満たない。

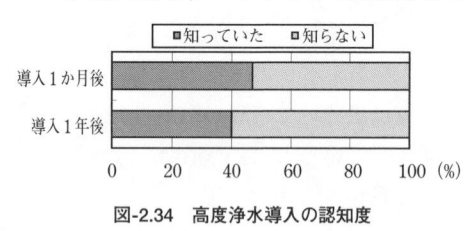

図-2.34 高度浄水導入の認知度

これは,行政の発信する情報への関心の低い人々がいること,行政の情報に関心の低い人々にいきわたるような情報提供方法が行われていないことが理由と考えられる。また,導入1か月後と導入1年後の情報浸透度が変わらなかったのは,事業経過に伴い情報提供量が低下していることも一要因である。例えば,ラジオでは事業が実施された1998年(平成10年)は126回/年報道されたが,1999年(平成11年)は24回/年に減少している。テレビ,新聞などの報道回数も同じく減少している。

導入1か月後,1年後の時点で,高度浄水導入の認知が高度浄水した上水への

2.5 市民の評価に対応した上水道サービス

評価にどのような影響を与えているか検討した。導入1年後の高度浄水した上水の臭いに対する評価を，高度浄水導入の認知の違いにより比較した結果を**図-2.35**に示す。事業に関する情報を知っていた人で高度浄水導入後の水道水のくさみについて，「くさみがなくなった」，「何となくくさみがなくなった」と回答した人は71％であるのに対して，知らなかった人は32％であった。事業実施を認知している人の方が上水の臭いへの不満が解消されていると評価している。また，導入1か月後でも高度浄水事業の情報を知っている人の方が，知らない人より味の変化を感じやすくなり，水道水への満足感は増加していた。

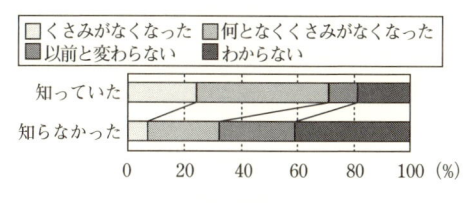

図-2.35 高度浄水の認知状況と臭いへの評価の関連

すなわち，事業に関する情報を得ているか得ていないかで事業に対する評価が異なっている。

事業実施効果を高めるには，事業の便益を多くの人々が認識することが必要であり，そのためには行政の発信する情報に関心の低い人にも情報が浸透するような情報提供を行っていく必要がある。年代と高度浄水への認知度の関係を示した**図-2.36**を見ると，年代が低くなるにつれ認知度が低くなる傾向が見られた。今後，各年代層の情報入手手段を考慮し，各年代に情報がいきわたるような情報提供の手段を選択すべきである。また，事業経過後は情報提供量が減少するのが一般的であるが，水道が利用者の料金によって運営されるものである以上，事業に関する情報提供が府民に浸透するまで情報提供を継続するべきである。また，利

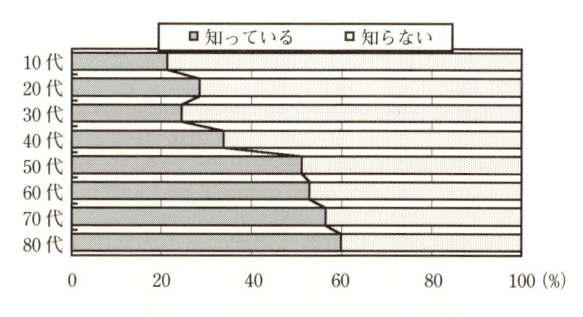

図-2.36 年代別の高度浄水導入の認知度

用者の水源汚染の意識と上水水質の安全性への不安は高いことから，水源水質を測定したデータを公開するとともに，上水水質の安全性など利用者の求める情報についての広報が必要である。

2.5.2 給水システムの違いに起因する水道水評価の差異

サービスの内容や質の検討に当たっては，利用者のニーズを十分に考慮すると同時に，利用者間の公平性の確保に留意する必要がある。都市のマンションなどの共同住宅では受水槽を介した水道水の供給に対して水質面で不安を抱く人が多い。ここでは，給水システムの違いに起因する水道水質の評価の差異を検討してみた。

日本では2階建てまでの建物は直圧給水方式が標準で，3階建て以上は受水槽方式が基本である．

大都市においては人口の増加や地価の高騰により，建物の中高層化が進み，受水タンクが増加しているが，受水槽方式では残留塩素の消失，異物の混入など水質上の問題が生じる。また，受水槽検査が法律で義務づけられているのは10 m³以上の施設のみであり，10 m³以下の小規模受水槽における検査などの実施状況は不明である。受水槽方式を採用しているのを共同住宅で3階以上に居住している世帯とすると，大阪府下全体世帯数のうち，受水槽方式を採用しているのは3割程度となる。

給水方式別に高度浄水事業実施による水道水の不安解消割合を示した図-2.37を見ると，直結式で給水を受けている人の60％が高度浄水によって水道水への不安が「解消された」，「何となく解消された」と感じているのに対して，

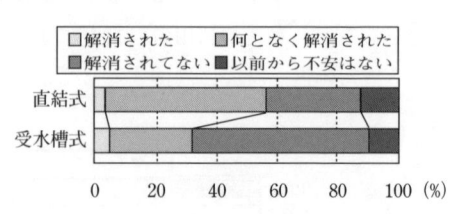

図-2.37 給水方式別（直結式と受水槽式）の高度浄水安全性評価の違い

タンク方式で給水を受けている人は32％しか解消されていない。同様に，高度浄水事業実施による水道水の味の変化も直結式で給水を受けている人の方が感じている。すなわち，給水方式の違いにより事業に対する評価が異なっている。給水方式別に高度浄水した水道水に「不安がある」と答えた人の不安・不満の原因を

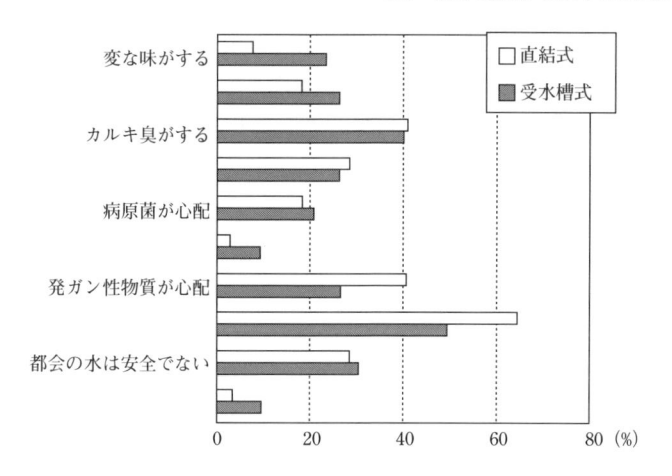

2.5 市民の評価に対応した上水道サービス

図-2.38 水道水の安全性に対する不安の内容(給水方式別)

示した図-2.38を見ると，直結方式で給水を受けている人で「変な味がする」と回答した人がほとんどいないのに対して，タンク式では不安がある人の約20％(5人に1人)が変な味に不満・不安を感じている。受水槽の管理に対する不安が存在していることもうかがえる。

利用者間の公平性の確保という視点からは，受水槽方式から直接給水方式への転換，つまり受水槽のない衛生的な直接給水への転換が必要となる。

具体的には，受水槽にはいる前に増圧ポンプを取り付けて，受水槽をバイパスして高置水槽に水を入れる給水方式への転換である。しかし，直接給水方式への転換は，料金の値上げを余儀なくするものであり，基本的に対価との関係で利用者によって選択されるべきである。

したがって，水道水供給者は，今後，利用者が給水方式の特徴を正しく理解し，選択できるよう情報公開，広報活動を積極的に進め，利用者の望むサービス水準を提供していく必要がある。

2.5.3 水源水質の改善

高度浄水後の水道水の不安理由としては，「水源が汚れている」が最も多く，不安のある回答者の約6割を占めている。淀川は上流の排水量が本川流量に占める

割合も多く，これに起因する微生物，化学物質，農薬などによる汚染が懸念されている。実際，淀川の大腸菌群数は日本の水道水源(表流水)の大腸菌群数の分布で，多い方から10％の範囲，すなわちワースト10％に入っている[2]。

今後，利用者が水道水との信頼関係を回復し，安心して利用できるようになるには，水道水源の保全が不可欠である。

2.5.4 将来的な水供給システムの姿

多様なニーズを水道サービスに反映させていくためにはそれぞれの流域や地域の実態に即した水供給システムに転換することが必要である。

高度浄水導入後の利用者の水道水へのニーズとしては，次の2つが挙げられる。

① 水道取水源の水質保全。そのレベルとしては高度浄水処理しない通常の処理で利用者の求める水道水質を満足できるもの。

② 飲料水用の水道水質レベルのさらなる向上。

①のニーズに対しては，水循環に関わる水道，下水道，河川の連帯による多種多様な対策の強化が必要である。具体的には，下水道に流入した汚濁物質の除去効率の向上，水源(中小河川を含む)の自浄機能の劇的な向上が必要である。また，現在，環境ホルモンなど新たな水質問題が発生しており，それらは不明な点が多いことから，上流の下水処理水を本川水と分流させ上水道取水口より下流に放流させる対策も考えられる。

一方，②のニーズに対しては，水道施設での浄水から給水段階における施設の高度化が必要である。具体的には，浄水段階で超高度浄水処理技術の開発・導入，導配水システムでの管路の補修，給水段階での直圧給水方式への転換による飲料水用の水質レベルの向上をする。また，限られた資源を有効に利用しなければならない今後の循環型社会の構築を前提として，雨水の有効利用や中水道システムなどにより水の循環利用，再利用を給水システムの一部に導入をすることが挙げられる。

今後，良質な水道水を供給するための課題は多い。各種の対策の投資がどれだけの効果をもたらすかを定量的に明らかにし，投入した事業費に対する効果を，費用効果分析により客観的に説明することにより事業の優先順位を決定していく必要がある。その際，住民との合意形成を絶えず図ると同時に，事業・施策が予

想どおりの成果を上げているか評価し，見直しながら行うべきである。

2.5.6 まとめ

　ここでは，水源水質の悪化した都市域で水道水質のレベルアップを目指して導入された高度浄水に対して，利用者がどのように評価し，その利用形態をどのように変えているかをアンケート調査により明らかにし，高度浄水導入の意義を評価した。さらに，高度浄水事業に対する利用者の評価を高める方策ならびに今後の水道サービスのあり方を検討した。

　高度浄水した上水の質は，水源の清澄な地域の上水のレベルにまで近づきつつあり，導入による水道水への不安感もくさみ，味に関しては大きく減少しており，水道水の変化を導入1年後には利用者の約50％が認識している。

　さらに，水道水の評価は，高度浄水の情報を認知している人や直圧給水方式で水道水の供給を受けている人に高い傾向があることから，情報提供促進や直圧給水方式への転換により利用者の評価をさらに高めることができる。その情報提供は水源水質と上水水質の安全性の関係を明確に示したものを各年代に情報がいきわたるような手段により利用者に浸透するまで継続して行うべきである。

　しかしながら，高度浄水導入後も多くの利用者が水源汚染への意識と上水水質の安全性への不安によりいまだ水道水を安心して利用することができていないのが現状である。都市転入者に関しても，高度浄水した上水に対しても生まれ育った上水よりもかなり低い評価をし，以前は水道水をそのまま飲料用水として利用していた人も，転入に伴って市販の水へシフトしている。

　今後，利用者が高度浄水した水道水を安心して利用するようになるためには，利用者の水源汚染への意識と上水水質の安全性への不安は高いことから，水源水質の測定したデータを公開するとともに，上水水質の安全性など利用者の求める情報についての広報が必要である。

　同時に水循環に関わる水道，下水道，河川の連帯による多種多様な対策により，水源保全をより一層強化する必要がある。

第2章　上水道での高度浄水導入に対する市民の意識と評価

参考文献
[1] 今田俊彦, 萩原良巳, 佐々木一春, 小泉明, 山田良作：需要者ニーズによる配水管理目標の設定に関する分析, 水道協会雑誌, 64(8), pp.34-46, 1995.
[2] 阪神水道企業団建設部設計課：阪神水道企業団における高度浄水技術の現状と今後の展開, pp.1-2, 1998.
[3] 堀真佐司：大阪府における全面高度浄水供給の実際, 環境資源対策, 35(2), pp.29-34, 1999.
[4] 家田仁：社会資本整備の事後評価, 土木協会誌, 84, p.17, 1999.
[5] 財団法人日本統計協会：住民基本台帳人口移動報告年報—平成10年—, pp.3-17, 1998.
[6] 藤田正樹, 梶野勝司, 谷渕洸二, 井上圭司：関西における高度浄水処理, 水道協会雑誌, 65(8), 1996.
[7] 大阪府水道部水質管理センター：水質試験成績並びに調査報告 第38集 平成9年度, 1998.
[8] ㈶大阪府水道サービス公社：大阪水だより, 29, 1998.
[9] 永冨孝則, 武富眞, 橋本昭雄, 杉嶋伸禄, 鈴木学, 伊豆智啓, 入江隆史, 篠原亮太：北九州市におけるナノろ過膜を用いた"おいしい水の研究", 水道協会雑誌, 67(7), pp.19-27, 1998.
[10] 水道と地球環境を考える研究会：地球環境時代の水道, 技報堂出版, pp.133-146, 1993.
[11] 栗山浩一：公共事業と環境の価値—CVMガイドブック—, 1997.
[12] 藤田正樹, 梶野勝司, 谷渕洸二, 井上圭司：関西における高度浄水処理, 水道協会雑誌, 65(8), 1996.
[13] Arrow, K., Solow, R., Portney, P.R., Leamer, E.E., Rander, R. and Schuman, H : Report of NOAA Panel on Contingent Valuation, 58 Federal Register 4601, 1993
[14] 明石達郎, 安田八十五：リスク-便益分析による環境政策の評価と測定—高度浄水処理事業の事例研究—, 日本リスク研究学会誌, pp96-104, 1994.

第3章 市民の視点からの都市水供給システムの再生

3.1 阪神地域の水供給システムが抱えている根本的な問題点

　淀川水系は，三重・滋賀・京都・大阪・兵庫・奈良の2府4県にまたがり，その流域面積は8 240 km^{2}に及び，日本を代表する水系である。流域は，本川上流の琵琶湖・宇治川，西北域から本川に流入する桂川，東南域から流入する木津川，下流の淀川本川および猪名川の5流域から構成されている。淀川水系全体の流域面積に占める割合は，琵琶湖が最大で46.7％，次いで木津川の19.4％，桂川13.3％，淀川下流の9.8％，宇治川6.1％，猪名川4.6％となっている。

　流域の土地利用は，上流域では比較的耕地が多く，下流域では京阪神地域を中心に人口や産業が集積して高密度な都市化地

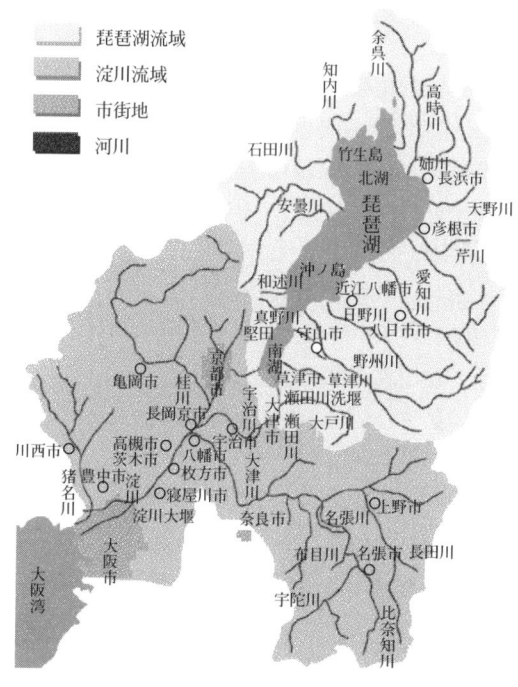

図-3.1　淀川水系
(琵琶湖・淀川水質機構HPより
http://www.byq.or.jp/information/element/yodogawa.gif)

第3章　市民の視点からの都市水供給システムの再生

域が広がっている。

2章において，全国で水道水の異味臭被害人数が最も多いのは，琵琶湖・淀川水系を擁する近畿地方であり，これは大阪府域と阪神地域の水道取水点が滋賀県，京都府などの下水処理場，屎尿処理場放流点の下流に位置しており，市街地からのノンポイント汚染源物質の流入も加わっていることが原因であることを述べた。そして，その対策として高度浄水が導入されつつあるが，高度に浄水した水道水であっても，市民はこの水に対して全幅の信頼を持つまでには至っておらず，飲み水としての利用をためらっている状況にあることを示した。

また，淀川を水道原水として利用している阪神地域では，河川水の反復利用回数が多く，上流に大都市を擁することから，河川水中に排水（下水処理水，雨天時排水など）の占める割合が高い[1]。このことが水道原水の水質悪化を招き，水道水の異臭味，微量有害化学物質の発生，さらには内分泌撹乱物質や病原性微生物などによる人体への影響が懸念されている。

また，都市域では，市民の「おいしい水」に対する関心の高まりから，公共施策として水源の水質保全事業や浄水場に高度浄水処理を導入する地域が増えている[2, 3]。

しかし，上記の施策の導入によって高品質の水が得られるが，これらの水を雑用水に用いることは，投入したコスト，生じる環境負荷に対して価値の低い利用をしているというオーバークオリティーな利用という側面も有している。また，水道水に対する不信感から，浄水器の設置，ミネラルウォーターの購入が増加し続けている[4]。

阪神地域において，市民がいまだに抱いている水道水に対する不信感

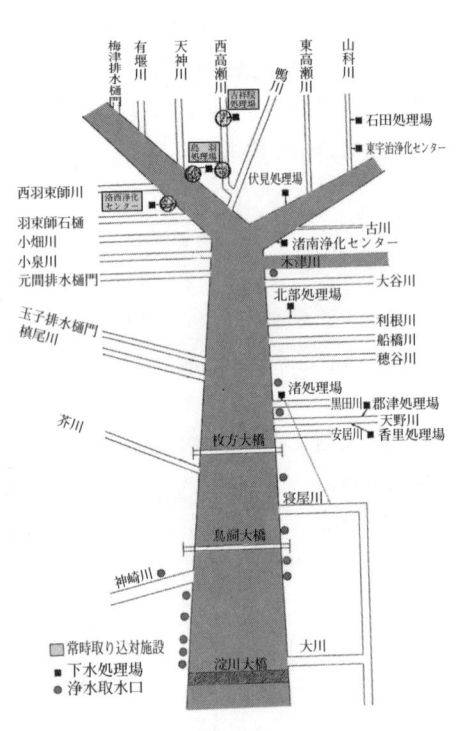

図-3.2　淀川水系での下水放流位置と上水道取水口位置の関係

をぬぐい去り、かつ、市民が求める本当に安全な水を供給するには、現在の水供給システムを抜本的に再生するしかない。

3.2 都市水供給システムをどう見直すのか

1人当りの使用水量は、現在でも増加傾向にあり、東京都などの大都市では、1人1日当り250Lもの水を消費している(**図-3.3**)。その一方で、上水として供給されている水の多くは飲料水として使われていない。家庭での1人当り1日の水使用量250Lのうち、風呂・シャワーで26％、トイレで24％、洗濯で20％の水が使用され、炊事・飲用として使われる水は22％にすぎない。また、炊事用水の大半は食品や食器の洗浄用水として使われている(**図-3.4**)。

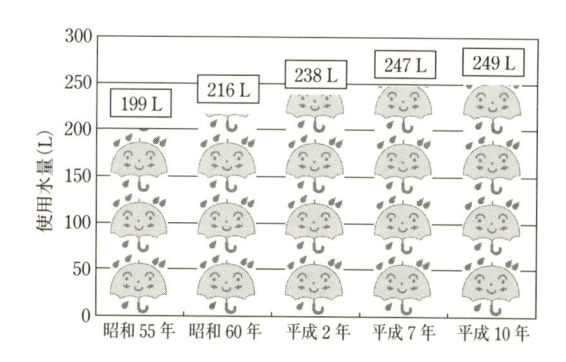

図-3.3 家庭での1人当り使用水量の推移(1日当り)(東京都水道局)

すなわち、飲料用水としての水質基準を達成した水の多くは、それだけの水質を必要としない用途に使われている。このような状況にありながら、人々の水の安全性、水の味、臭気などに対する要求が高いことから、従来よりも手間と時間、経費のかかる高度浄水がどんどん導入されている。

このような状況から、都市内の水供給システムを抜本的に見直そうという気運が高まりつつある。

丹保は、市民1人当り給水原単位の10％にも満たな

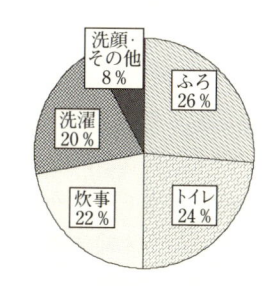

図-3.4 家庭での水の使われ方(東京都水道局)

い飲用水に求められる水質の水を，水洗トイレ洗浄用やその他の低質用途の大部分(90％)の給水にまで強制する「一括供給型の飲用可能水道による給水」を前提にして，一括総合排水型の下水を全量高度処理する現在のシステムを見直すべき時期にきていることを指摘している[5]。

さらに，荒巻は，現在の都市の水循環系を無理のない範囲で自然の水循環系に近づけることが必要であるという立場から，排水を都市あるいは流域単位で数か所に集めて大規模な処理施設において集約的に処理するような現在の下水道システムから，排水を使った場所のなるべく近くで処理して自然の水循環系に戻していくような分散型の下水管理システムに移行していくと考えている[6]。この分散型下水管理システムのイメージを図-3.5に示す。

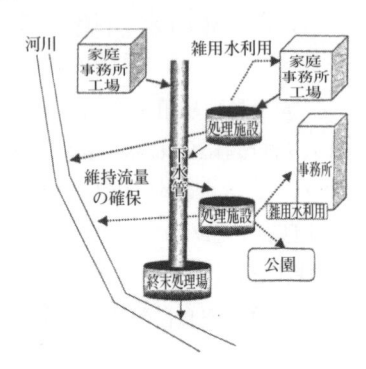

図-3.5　分散型下水管理システムのイメージ図[6]

中西は，水道用水の利用用途として洗浄用水が圧倒的に多いことから，水道用水とは"飲料水の顔を持った洗浄用水である"と評し，少量の安全な飲料用水と大量の洗浄用水とに用途が2極化してきた水道システムを同一のシステム内に共存させることに無理が生じてきていると指摘している[7, 8]。そして，安全な飲料水のスリムな供給システムの確立こそが21世紀の水道システムの大きな課題であって，そのためには飲料用水と洗浄用水を分離する必要があると述べている。さらに，洗浄用水としての大量の水道用水利用は，水質汚濁を助長することによって下水道システムに多大の負担をかけていることも指摘している。そのうえで，上下水道システムが都市の中の人工水循環経路となるのではなく，自然の水循環系，特に河川の本来の機能を保全するものであるべきことを訴えている。そして，循環を考えた上下水道システムとして図-3.6に示すものを提案している。

以上のような都市水供給システムや都市水循環システムへの提言の主眼は，都市内での水循環を考えて水道と下水道をひとつとして捉えていくこと，下水放流先を河川上流域に移して河川の水循環機能を保持すること，上下水道を小規模・分散化して河川での取・排水の影響を局所的偏在させないこと，水道における洗浄用水系と飲料用水系の分離，流域の水の目的別使い分けとリサイクル，段階的

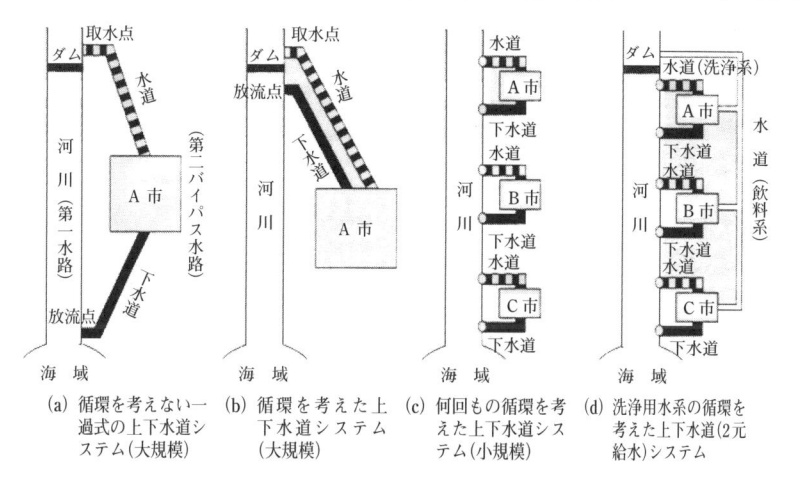

図-3.6 河川への循環を考えた上下水道システムのイメージ図[8]

(a) 循環を考えない一過式の上下水道システム（大規模）
(b) 循環を考えた上下水道システム（大規模）
(c) 何回もの循環を考えた上下水道システム（小規模）
(d) 洗浄用水系の循環を考えた上下水道(2元給水)システム

利用などがある．

そこで，以下では，このような視点からの都市水供給システムの再生について，市民がどのように評価しているのかについて考えていく．

3.3 寝屋川市民の現行の水供給システムに対する評価

実際に水の繰返し利用が行われている淀川水系内の寝屋川市民を対象として，現行の水供給システムをどのように評価しているのかについて調査した．寝屋川市は，人口約25万人，面積24.7 km^2，上水道普及率100％の都市であり，住宅が多く，1998年度(平成10年度)より高度浄水処理された水道水が供給されている．アンケート調査は戸別訪問形式行い，回収数は174であった．

アンケート被験者の属性を図-3.8，3.9に示す．被験者は，年代別では20代から50代が全体の大半を占め，職種別では約60〜70％が主婦であった．主婦は各家庭において水道料金，水道使用量を把握していることから，このように回答者に主婦が多いことは問題とはならない．

アンケート被験者全体の現在の飲料水(料理用を含む)を得るための手段を図-3.10に示す．浄水器を利用している人々は4割に達し，市販の水を購入，利用し

第3章　市民の視点からの都市水供給システムの再生

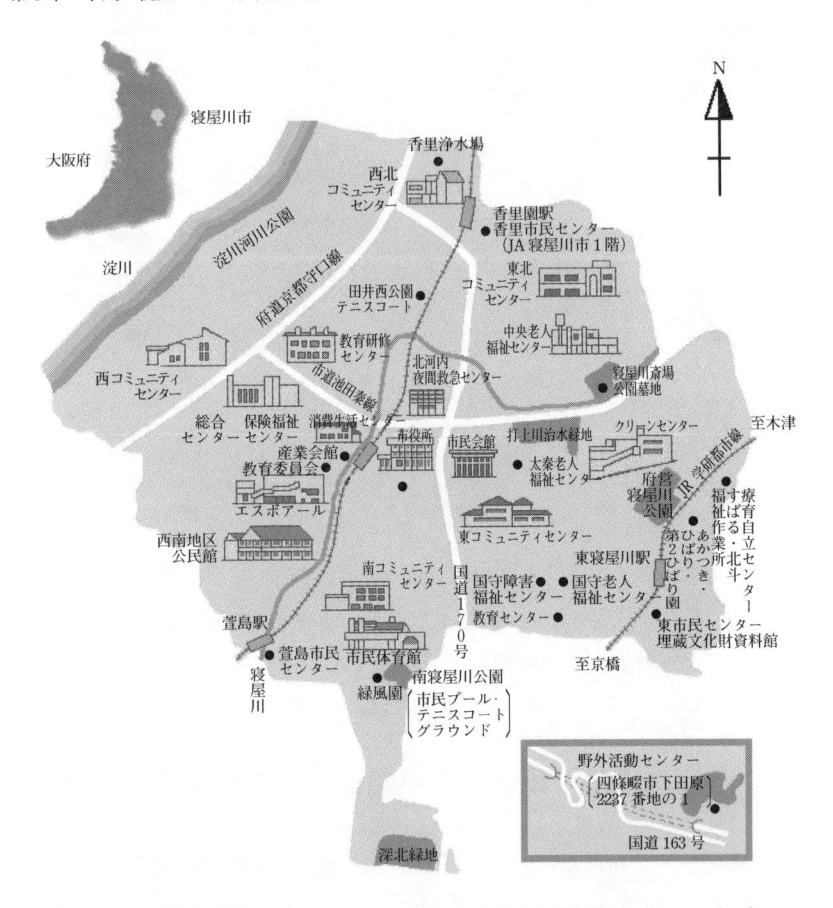

図-3.7　寝屋川市（http://www.city.neyagawa.osaka.jp/rireki/citymap/citymap.htm）

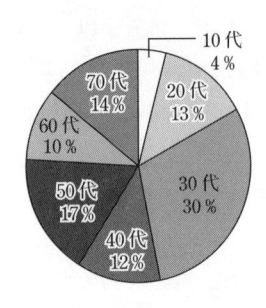

図-3.8　回答者の年齢構成

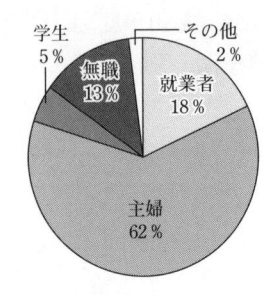

図-3.9　回答者の職種構成

3.4 寝屋川市域での都市水供給システム再生手法の提案

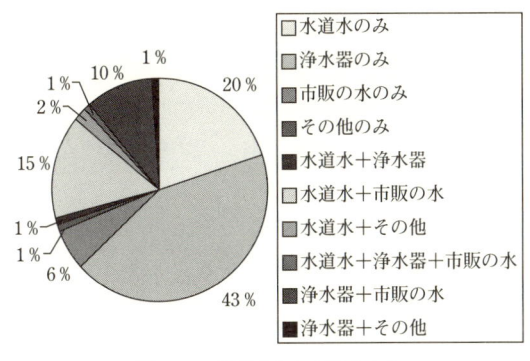

図-3.10 飲料水として使うもの

凡例:
- 水道水のみ
- 浄水器のみ
- 市販の水のみ
- その他のみ
- 水道水＋浄水器
- 水道水＋市販の水
- 水道水＋その他
- 水道水＋浄水器＋市販の水
- 浄水器＋市販の水
- 浄水器＋その他

値: 20%, 43%, 6%, 1%, 1%, 15%, 2%, 1%, 10%, 1%

ている人は，3割程度となっている。水道水のみを飲料水として利用している人は，2割と少ない。住民は水道水に対して満足しておらず，高度浄水により水道水の質が向上しても水道水をそのまま飲むことには抵抗を持っている。

現在，寝屋川市では高度浄水処理された水が供給されているが，市民がこれをどれだけ認知しているのかを調べてみた。その結果，高度浄水された水道水が供給されていることを知っている人の割合は54％であり，残り46％，すなわち半数近くの市民は水道水が良くなっていることを知らなかった。

この高度浄水が導入されたことを知っていた人に，以前の水と今の水の評価を聞いたところ，**図-3.11**に示すように良くなったと評価している人は25％にすぎず，少し良くなったと評価した人を合わせてようやく61％となる程度で，残りの約40％の人々は水の変化を感じ取れていない。

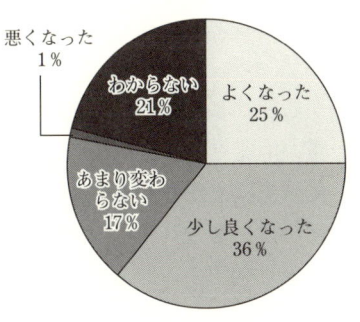

図-3.11 高度浄水処理前の水道水との比較
（導入を知っている）

- わからない 21％
- 悪くなった 1％
- よくなった 25％
- 少し良くなった 36％
- あまり変わらない 17％

3.4 寝屋川市域での都市水供給システム再生手法の提案

ここでは，阪神地域の特性を考慮して次の4つの都市水供給システム再生手法

を検討した。
- 高度浄水導入による水供給システム
- 都市内水資源活用による水供給システム
- 下水処理水の放流先移設による水供給システム
- ペットボトルによる水供給システム

① 高度浄水導入による水供給システム：従来の浄水処理に高度浄水処理を加え，すべての利用用途にこの水を供給するシステムである。なお，ここで対象とした高度浄水処理は，「オゾン処理＋活性炭処理」，従来の浄水処理とは都市域で導入事例が多い「凝集沈殿＋急速ろ過」とした。このシステムでは，高度処理施設の建設，高度処理実施による薬品使用量増加，電力消費量増加が生じる。

② 都市内水資源活用による水供給システム：雨水や雑排水を処理して水洗用水・冷却用水として再利用し，その他の利用用途に高度浄水処理された水を供給するシステムである。なお，利用効率などを考慮して，一戸建て住宅には屋根雨水利用システム，集合住宅・オフィスビルには処理水再利用システムを導入する[9, 10]。

これらシステムでは，雨水および雑排水の貯留槽，処理設備，中水配水設備(配水管，中継ポンプ)の設置が必要であり，供用時では処理と配水で電力が必要となる。その一方で，上水使用量減少による浄水過程での薬品使用量，電力消費量の減少，および下水処理量減少による下水処理過程での薬品使用量，電力消費量を減少できる。

雨水利用のイメージを図-3.12に示す。

③ 下水処理水の放流先移設による水供給システム：水の繰り返し利用地域の下水処理水放流口を上水取水口より下流へ移設し，水源ならびに浄水場に汚濁物質の混入を防ぐシステムである(図-3.13)。

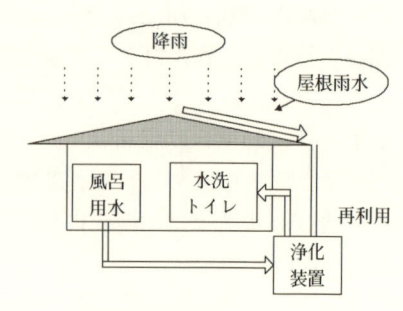

図-3.12 雨水利用のイメージ図

このシステムを実現するには，放流先を移設するための放流管渠敷設と中継ポンプ設置が必要となる。供用時には中継ポンプ稼働で電力を消費する。

3.4 寝屋川市域での都市水供給システム再生手法の提案

④ ペットボトルによる水供給システム：飲料水(料理などを含む)はペットボトルを用いたミネラルウォーターによって供給し,その他の利用用途には,従来の浄水処理による水道水を供給するシステムである。ペットボトルによる水供給システムはペットボトルがリユースされる場合と,現状のワンウェイの場合とに分けて評価する。

どちらの場合も原料からのペットボトル製造,水の充填,充填工場から販売店までの輸送プロセスが必要であり,リユースの場合は回収したペットボトルの洗浄が必要になる。

使用後のペットボトルは,販売店で回収される。ワンウェイの場合は,販売店からペットボトル製造工場まで輸送され,フレーク化された後,再びペ

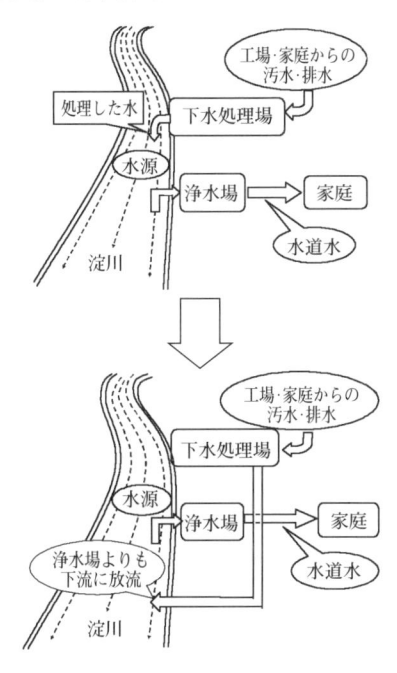

図-3.13 処理水放流先移設のイメージ図

ットボトルになるとした。リユースの場合は,水を充填したペットボトルの販売店までの輸送の戻り便で充填工場まで輸送され,洗浄後,再び水が充填された各販売店まで輸送される。所定の回数リユースされたペットボトルは,ワンウェイの場合と同様に最終的にフレーク化され,ペットボトルの原料として用いられるとした。

なお,ペットボトルの販売店から各住居への輸送については,評価対象としていない。これは,ペットボトルのみを輸送する行動はないこと(他の購入した商品と一緒に運ぶ),各個人により輸送手段や距離などが大きく異なり一律に評価できないことが理由である。

また,都市内水資源活用による水供給システムと同様に,システム導入によって上水使用量は減少する。

以上の4つの提案する水供給システムのイメージを図-3.14に示す。なお,この図では,各要素施設を記号化して表現している。

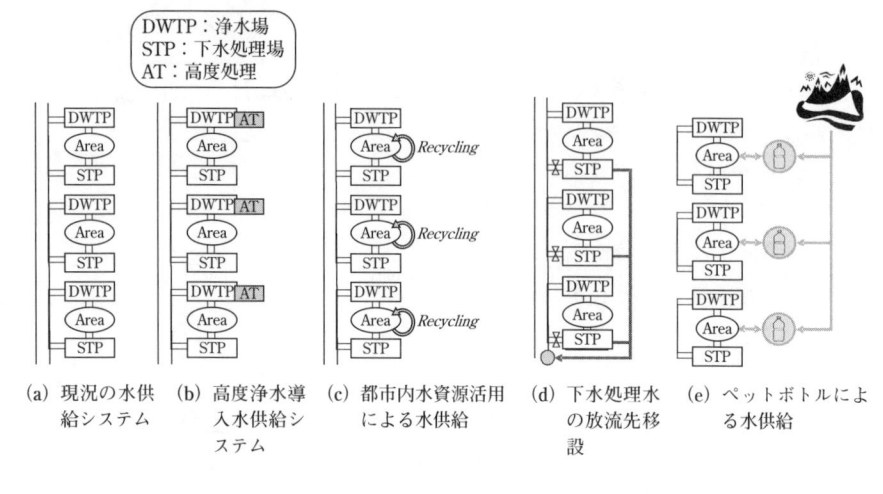

第3章 市民の視点からの都市水供給システムの再生

図-3.14 各水供給システムのイメージ図

(a) 現況の水供給システム　(b) 高度浄水導入水供給システム　(c) 都市内水資源活用による水供給　(d) 下水処理水の放流先移設　(e) ペットボトルによる水供給

3.5 水供給システム再生手法に対する市民の評価

今回，取り扱うような公共事業の事業効果(パフォーマンス)には様々な要素があるが，ここでは市民に対してアンケートを行い，事業の必要性，事業に対する支払い意志額(WTP)を調査した．

アンケートは家庭を直接訪問し，アンケート用紙を配布・回収する配票調査法により実施した．

先に現行の水供給システムに対しての評価を調査した寝屋川市民を対象として，提案する4つの水供給システム再生手法についての評価を調査した．

3.5.1 事業の必要性の評価

各水供給システムの導入必要性について，各システムを説明したうえで被験者に評価してもらった．ペットボトルによる水供給システムに関しては，リユース，ワンウェイの場合とも，水供給システム自体は同じであることから，同一のものとして評価してもらった．

3.5 水供給システム再生手法に対する市民の評価

評価結果を図-3.15に示す。都市内水資源活用，下水処理水放流先移設による水供給システムは，「導入すべき」，「どちらかというと導入した方がよい」と答えた回答者が8割近くと高い。一方，ペットボトルによる水供給システムは，「良い」，「別にかまわない」と答えた回答者が全体の2割程度しかおらず，このシステムを水の供給システムとして導入することは望んでおらず，その必要性は低いと評価している。高度浄水導入に対する必要性評価結果が，都市内水資源活用，処理水放流先移設に比較してやや低めであるが，これには，既に本システムが導入されているために，必要性という視点では評価しにくかったこと，および先の調査結果で示したように，導入していてもその効用を感じにくいことから，評価が低くなってしまったことに起因していると考えられる。

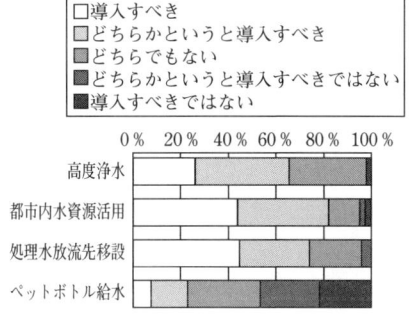

図-3.15 水供給システム再生手法の導入必要性

3.5.2 支払い意志額による評価

住民がある事業に対して持っている価値を定量する方法として，CVM（Contingent Valuation Method；仮想評価法）を用いた。CVMは，アンケートなどで仮想的な環境変化を回答者に示して，この環境変化に対する支払い意志額や補償受容額をたずねて，環境価値を評価する手法である。今回は，環境質の内容を説明したうえで，その質を向上するために費用を支払う必要があるとする場合に支払ってもよいと考える金額（支払い意志額：Willingness to Pay；WTP）を直接的に質問する方法を用いた。

仮想評価法の質問形式には，
- ⅰ．自由回答形式　　　自由に金額を記述する。
- ⅱ．付け値ゲーム形式　金額を次第に上げていって，支払うことのできる最高金額を聞くもの。
- ⅲ．支払いカード形式　あらかじめ何通りかの金額を示しておき，自分の意志に合う金額を選択してもらうもの。

第3章　市民の視点からの都市水供給システムの再生

　　iv．二肢選択形式　　　　ある金額を提示し，これを支払ってもよいか，よくないかを聞くもの。金額ごとに別の被験者を質問する必要がある。

があるが，これらのうち，支払いカード形式（Payment Card）を用いて，各水供給システム導入に伴う支払い意志額を個別に被験者に質問した．
　① 高度浄水導入による水供給システム：高度浄水処理導入による水道料金値上がり額としての支払い意志額．
　② 都市内水資源活用による水供給システム：雨水利用・雑排水再利用を行うための事業に対する支払い意志額．
　③ 下水処理水の放流先移設による水供給システム：放流先移設による水道料金値上がり額としての支払い意志額．
　④ ペットボトルによる水供給システム：実際の被験者による1月当りのミネラルウォーター購入額とペットボトルリサイクルに対する支払い意志額の合計額．

各水供給システム導入に対する1か月当りのWTPを図-3.16に示す．各水供給システム導入に対するWTPの問いに対して，支払いたくないと答えた回答について，WTPが0円かどうかを判別しなければならない．抵抗回答とは，例えば回答者が支払手段に反対であったり，システムの詳細が不明であったりなどの理由で，示されたシナリオに納得できないために自己のWTPを0円とした回答で

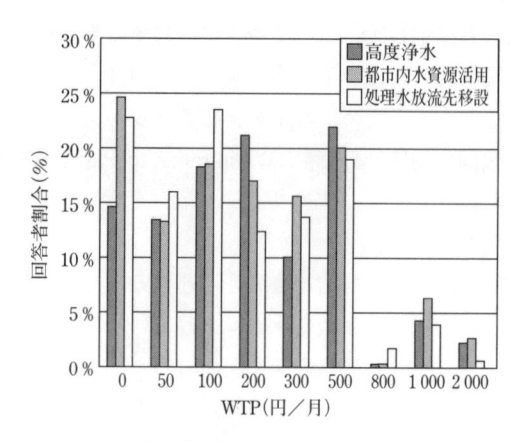

図-3.16　都市内水供給システムに対する支払い意志額

3.5 水供給システム再生手法に対する市民の評価

ある。ここでは，支払いたくないと答えた回答者に対し，その理由を質問し，回答内容から抵抗回答の判別を行っている。

3つの水供給システムに対しての支払い意志額を500円/月以下と評価した人が大半であり，全く支払う意志のない人が15〜25％も存在している。支払う意志のない人が多いのは都市内水資源活用で，処理水放流先移設も同程度である。高度浄水ならば直接住民に安全でおいしい水を供給するが，他の手法は飲料水質の向上という面では間接的な手法であるため，このように回答する人が多くなったと考えられる。

500円/月を超える支払い意志額を持つ人は少なく，300円/月といった中途半端な金額も回答者が少ないため，これらを除いて考えると，全体としては500円/月という回答が多く，高度浄水は他の2手法よりは高めの回答者の比率が高い。処理水放流先移設は100円/月という回答が多く，都市内水資源活用も100円/月という回答が多いが，200円/月と回答した人の割合との差は小さい。

各水供給システム導入に対してその必要性を認めていても，WTPがゼロである回答があった。特に，都市内水資源活用システムは，「良い」と思っていても，WTPがゼロであった回答が全体の14％あった。これは，意識では「良い」と評価していても，自分が費用を負担することは拒否していることを示している。このような事業は，「国や府の予算で行うべき」，「個人負担ではなく自治体や国で負担するべきである」と考えており，意識とWTPには差が生じている。このことから，住民は事業費用を負担するのは嫌だが，より良い水道水を得たいとは考えていることがわかる。

ペットボトルについては，現在の購入量と『容器包装リサイクル法』によるペットボトルの処理費用に対するWTPをたずねた。

ミネラルウォーターを購入している人は全体の4割であり，購入している人の1週間の平均購入本数はペットボトル（2L）で2.2本，購入していない人も含めた平均購入本数は0.85本であった（図-3.17）。これを1月当り（4.35週）に換算すると，それぞれ9.6本/月，3.7本/月となる。1本当りの

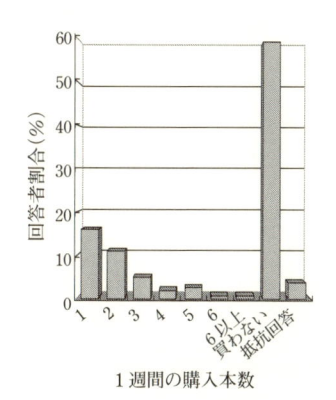

図-3.17 ペットボトルによるミネラルウォーター購入状況

第3章 市民の視点からの都市水供給システムの再生

価格をスーパー，ディスカウントショップなどの実売価格に基づいて147円とすると，1月当りの購入費用は544円/月となる。

ペットボトルのリサイクルに対するWTPをたずねた結果を**図-3.18**に示す。ペットボトルのリサイクルに対して支払ってもよいと考えており，コストは，1本当り5〜10円程度と考える人が大半である。平均値から推測した支払い意志額は9円/本となる。

先の平均購入本数に基づく購入価格(544円/月)にペットボトルリサイクルに対する支払い意志額(9円/本)を加えると577円/月となる。

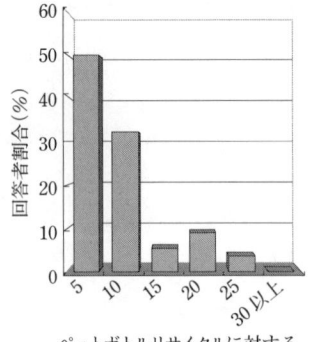

図-3.18 ペットボトルリサイクルに対する支払い意志額

各水供給システム導入に対する平均支払い意志額を**表-3.1**に示す。これら値は，特異値を取り除くために回答額順に回答者を並べた時の上下5％をカットした回答値の平均である。

表-3.1 事業に対する支払い意志額

		WTP(円/月)
①	高度浄水導入による水供給システム	223
②	都市内水資源活用による水供給システム	222
③	下水処理水の放流先移設による水供給システム	194
④	ペットボトルによる水供給システム	577

3.6 環境インパクト評価

4つの水供給システム再生手法を導入した場合の，水供給システム全体の環境負荷と下水処理に伴う環境負荷を評価する。

各水供給システム再生手法導入による建設および運用での環境負荷評価対象・範囲を**図-3.19**に示す。評価環境負荷項目はCO_2排出量である。1日1人の飲料水を2.0 L/日[11]，その他の利用用途では333 L/日とした。

現況の水供給システム(上水道)運用でのCO_2排出量は，対象域に水道水を供給

3.6 環境インパクト評価

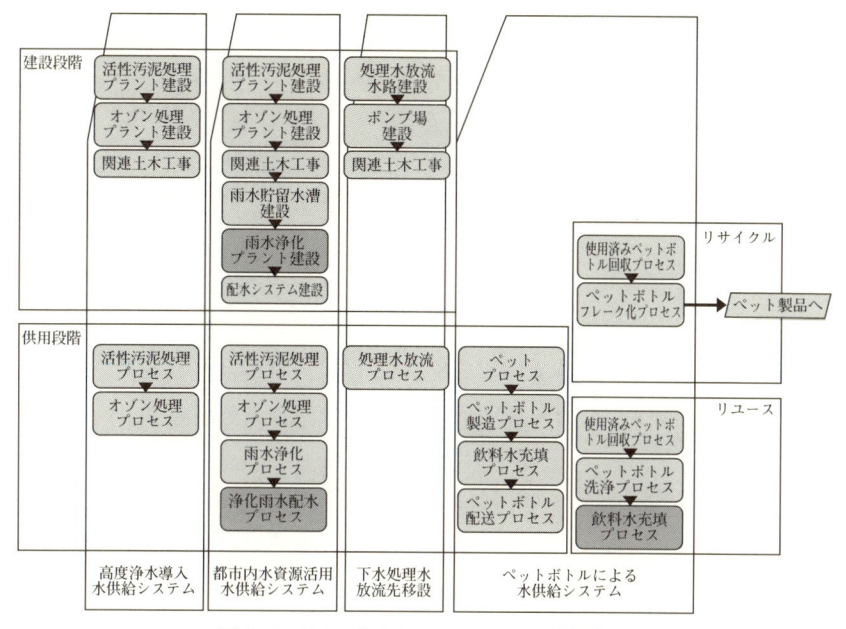

図-3.19 ライフサイクルアセスメントの評価範囲

している浄水場での，高度浄水導入前の薬品使用量，電力消費量[12]とそのCO_2排出量原単位[13, 14]から算出した．下水処理場運用でのCO_2排出量は，鶴巻らの算定値[15]を用いた．

CO_2排出量を算出するには，各システムの詳細を設定する必要がある．以下に各再生手法の詳細とCO_2排出量算出方法を説明する．

3.6.1 高度浄水導入

(1) 高度浄水処理の手法

対象とした浄水施設の浄水処理フローを**図-3.20**示す．濃い網点部分が旧来の方式，薄い網点部分が新しく導入した高度浄水処理方式である．旧方式では，塩素処理における水との塩素反応によって，トリハロメタンなどの微粒有害化学物質が生成されることが懸念されている．そこで，塩素処理に変わる消毒酸化方式として，オゾン接触法が取り入れられている．また，活性炭吸着処理により水道

第3章 市民の視点からの都市水供給システムの再生

表-3.2 高度浄水施設を含む浄水場の概要(平成11年度値)

年間給水量		4 842万m³/年
年間総消費電力		2.42億kWh/年
年間薬品消費量	液体塩素	0 t/年
	硫酸バンド	0 t/年
	PAC(ポリ塩化ナトリウム)	1 438 t/年
	苛性ソーダ	822 t/年
	粒状活性炭	0 t/年
	消石灰	5 243 t/年
	次亜塩素酸ソーダ	6 554 t/年

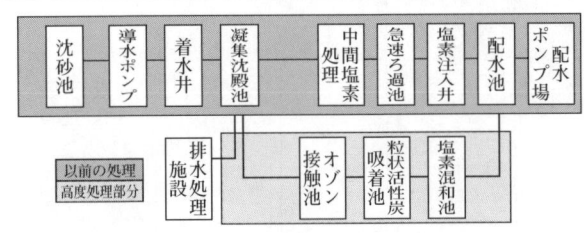

図-3.20 高度浄水処理の処理フロー図

水のカビ臭などの吸着が行われる。

(2) 環境負荷算出方法

ここでは，オゾン処理と活性炭吸着処理を併用した高度浄水処理施設を対象とし，評価を行った。

高度浄水を導入するために必要な施設，設備の建設でのCO_2排出量は，対象域に水道水を供給している浄水場での，高度浄水導入で増設された施設などの土木工事(土工，仮設工，基礎工，躯体工)，建築工事の積算資料などと，上水道施設に関するCO_2排出原単位[16]から算出した。

同様にシステム運用でのCO_2排出量は，この浄水場での，高度浄水導入後の薬品使用量，電力消費量[17]から算出した。

3.6.2 都市内水資源活用

このシステムは雑用水に雨水や処理水を活用し，飲料水や身体に直接接する水に限定して高度浄水を供給するものである。このシステムでの環境負荷を定量す

3.6 環境インパクト評価

るには，現行の使用水量，雨水や処理水の利用可能量を求める必要がある．

(1) 使用水量

寝屋川市内の対象地域における使用水量は，一戸建て住宅・マンションについては1戸・1棟当りの居住人数に1人1日当りの使用水量を乗じて算出し，オフィスビルについては1棟当りの延べ床面積に床面積当りの使用水量原単位を乗じて算出した．なおマンション・オフィス併用ビルはオフィス部分ではオフィスビルと同様に，住宅部分では住宅と同様にして使用水量を算出した．また住宅部分では使用用途を5種類(水洗用水，台所用水，風呂用水，手洗い用水，洗濯用水)に区分し，オフィス部分では使用用途を水洗用水，冷却用水，厨房用水，手洗い用水，その他に区分し，それぞれの各用途別使用水量を使用水量と用途別使用水量の割合[18](図-3.21)を用いて算出した．

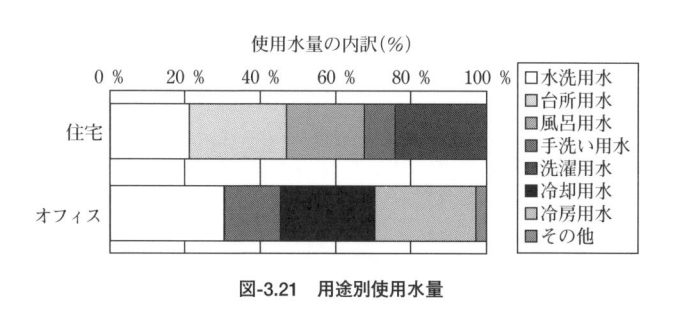

図-3.21 用途別使用水量

(2) 雨水利用

対象降雨量を大阪府の平均的な降雨量である1 280 mm(1996年)(大阪管区気象台：大阪府内の年間降水量，1989〜1998年)として，気象変動を考慮し年間時系列の降雨データを用い，利用可能な水量を定量した．筆者らが行った雨水利用に関する研究[19]において，貯留容量を水洗用水使用水量の6日分とした場合，雨水利用の利用効率を高く維持できることが明らかとなっている．そこで雨水の貯留容量もこの量とした．貯留水量が1棟当りの1日の利用用途先使用水量より少ない場合は，1棟当りの1日の利用用途先使用水量に満たない量だけ上水を補給するとしている．なお，屋根から貯留槽への流出係数は0.9とした．

(3) 処理水再利用

処理水再利用は，対象とする建物の1日使用水量に再利用用途の水量の割合を乗じて算出した。

(4) 使用水量，利用可能水量

一戸建て住宅の使用水量，利用可能水量の算出例を示す。一戸建て住宅(2階建て)の場合を**図-3.22**に，マンション(5階建て)の場合を**図-3.23**に示す。

また，オフィスビル(5階建て)の場合を**図-3.24**に，マンション・オフィス併用ビル(5階建て)の場合を**図-3.25**に示す。

(5) 環境負荷算出方法

本手法ではオンサイト型の中水道システムを構築するため，建物内に中水配管と中水ポンプ設置が必要となる。これに，雨水利用では雨水貯留槽が，処理水再利用では処理槽と調整槽が必要となる。

対象モデル地域内の戸建て住宅では雨水利用を，集合住宅，オフィス兼用集合住宅，オフィスビルには処理水再利用を導入する。施設内容と諸元・数量，原単位などは筆者らによる研究で使用したもの[9]と同じとする。

中水配管のCO_2排出量は，建物

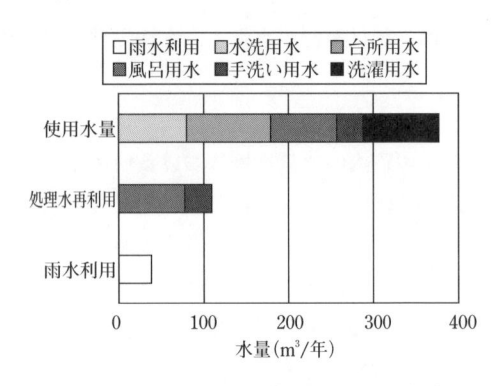

図-3.22 1戸建て住宅での使用水量，利用可能水量

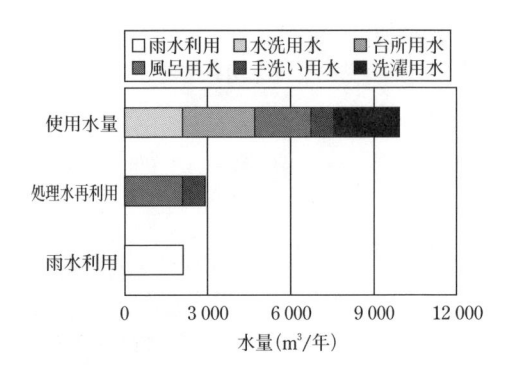

図-3.23 住宅用マンション(5階)での使用水量，利用可能水量

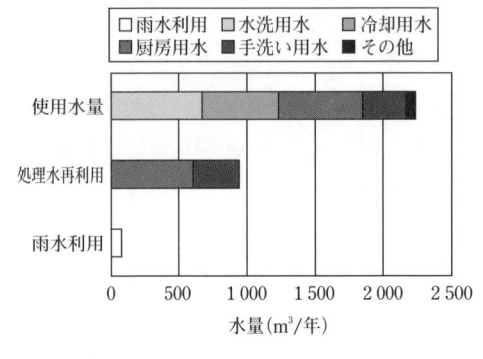

図-3.24 オフィスビル(5階)での使用水量，利用可能水量

3.6 環境インパクト評価

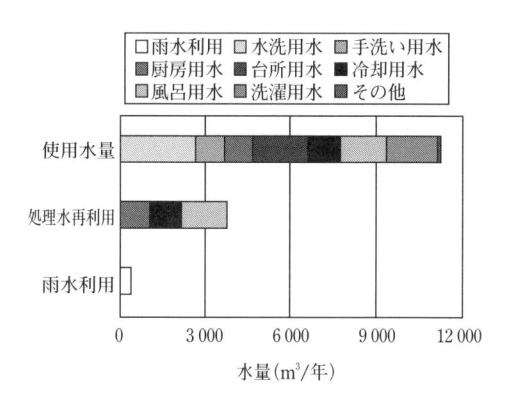

図-3.25 マンション・オフィス併用ビル(5階)での使用水量,利用可能水量

内の延べ面積に衛生設備工事の原単位を乗じ算出した[20]。また,中水ポンプは,貯留槽の深さおよび建物高さを考慮して,ポンプアップ可能な中水ポンプを選定し,CO_2排出量を算出した。

雨水貯留槽はRC構造とし,同じRC構造の事務所ビル建設時の延べ床面積当り平均的建設原単位[20]を用いる。また,掘削でのCO_2排出量は,建設機械稼動に伴う燃料消費量に原単位[16]を乗じて算出した。

処理水再利用の処理方式は,生物処理と膜処理の併用型とした[21]。処理槽構成材は,鉄筋コンクリート(外壁),FRP(容器),塩化ビニル(接触酸化板),ポリエチレン(接触ろ材)とした。また,掘削のCO_2排出量は,屋根雨水利用の掘削と同様の算出方法を用いる。

運用では,ポンプおよび処理槽での電力消費によるCO_2排出量を評価した。なお,処理装置からは汚泥が発生することが考えられるが,汚泥の引抜きと処分については,処理装置から発生する汚泥量が不明なため,今回は評価範囲から除外した。

なお,都市内水資源活用では,中水道を供給する用途以外の用途には高度浄水された水道水を供給するため,これに対応するCO_2排出量も算定した。

3.6.3 下水処理水の放流先移設

(1) 放流先移設工事

このシステムでは,飲料水質の向上を目的とし,下水処理水の放流先を浄水施設の取水口よりも下流へ移設し,水道水の原水に下水処理水を流入させないようにすることで下水処理水の反復利用を低減でき,水道原水としての質的向上を図る水供給システムである。

対象とした寝屋川市に上水を供給している浄水場の取水口より上流の枚方市には渚下水処理場が位置している。この処理場では，下水処理水の放流口を1999年（平成11年）4月に淀川から寝屋川に変更した。放流先変更に伴い新たに寝屋川放流幹線を建設し，中継ポンプ場を経由している。施設概要を**表-3.3**に示す。

表-3.3 下水処理水放流先移設における対象施設の概要

管渠	管渠延長	9 637 m
	管渠断面	1 800 m
	工法	シールド工法
ポンプ場	放流ポンプ	ϕ 800 mm×2台
	ポンプ規格	75 m³/分×20 m×355 kw
	計画放流水	6.042 m²/s
	敷地面積	2 780 m²
	建築面積	1 938 m²

なお，下水処理水放流先を移設すると，それまでの放流先の河川の流量が減少して，そこでの水環境に影響を及ぼすことが考えられる。そこで現在の放流先河川への影響について，渇水時での場合について検討してみた。過去10年間で最も河川流量の少なかった1994年（平成6年）の渇水流量は75 m³/sであり[22]，渚処理場の1998年度（平成10年度）の平均放流水量1.0 m³/s [23]と比較しても，渇水時でも河川流量への影響はないと判断できる。

(2) 環境負荷算出方法

下水処理水放流先移設では，対象モデル地域近傍で建設された放流幹線と中継ポンプ場での使用資材量，重機の稼動量と，そのCO_2排出量原単位[13, 14]から，建設によるCO_2排出量を算出した。なお，管渠敷設ではシールド工法を採用している。

運用に伴うCO_2排出量は，中継ポンプ場での消費電力にCO_2排出量原単位を乗じて算出した。

3.6.4 ペットボトルによる飲料水供給

(1) ペットボトルによる水供給システムの内容

このシステムでは，料理や炊飯に用いる水を含めた飲料水はペットボトルによるミネラルウォーターで供給し，風呂や洗濯に用いるその他の生活用水は，高度浄水処理を行っていない水道水で供給を行うシステムである。

これにより，消費者の要求する「飲料水」を，味や水の成分などの好みで選んで

3.6 環境インパクト評価

購入することができ，また，一般的に消費者のミネラルウォーターに対する安全性，信頼性も高まることが期待できる。

ここでは，使用後のペットボトルの処理による環境負荷についても考慮した。すなわち，使用後のペットボトルは，洗浄されて繰り返し利用するというシステムを想定した。ビール瓶などと同じように容器だけが何度も使用されるシステムである。何度も繰り返し利用が行われた後，製品としての機能を保持できなくなったペットボトルは，フレーク化され，再びペットボトルの原料として使用されると考えた。これは，環境負荷を最大限少なくできるペットボトルによる水供給システムである。

対象としたペットボトル容器の仕様を表-3.4に示す。なお，容器の重量は繰り返し利用されることを考慮に入れ設定した。ペットボトルの製造過程フローを図-3.26に示す。容量2Lのペットボトルにて飲料用途の水を供給する。

表-3.4 ペットボトル容器の仕様

容量	2 000 mL/本
重量	105 g/本
素材	PET樹脂

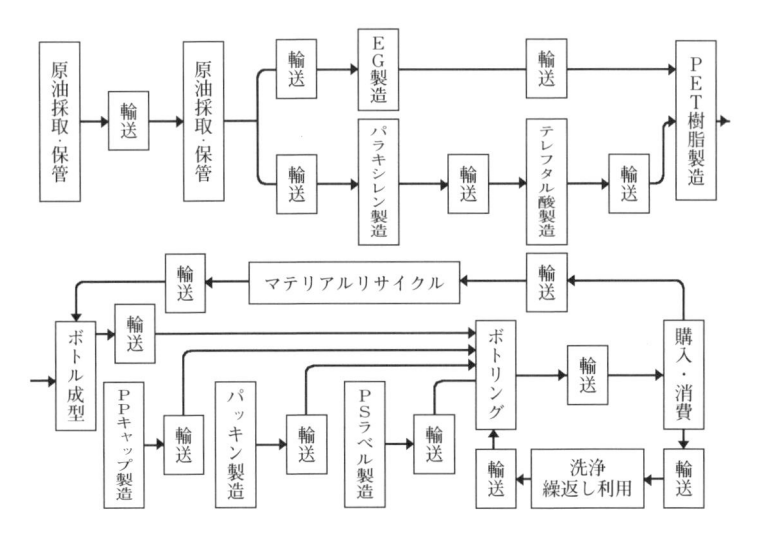

図-3.26 ペットボトルの繰返し利用フロー

(2) 環境負荷算出方法

ペットボトル製造では，ボトル本体，PPキャップ，LDPEパッキン，PSラベ

ルの製造で消費される部材・資材量などのデータ収集を行い，そのデータをもとにCO_2排出量原単位[24, 25]を乗じてCO_2排出量を算出した．

さらに，ミネラルウォーターの充填と各販売店までの輸送(4tトラックで20km輸送と設定)でのCO_2排出量も算出した．

リユース回数は，1本当り平均24回リユースされているビール瓶[26]と同じと設定した．リユースする場合にはボトルの洗浄プロセスが加わる．

ワンウェイには使用後，リユースの場合には設定した回数分リユースされた後，ペットボトルは回収され，洗浄後，フレーク化される．ここまでのプロセスでのCO_2排出量を算出した．

3.6.5 環境負荷算出結果

各水供給システムの単位水量当りのCO_2排出量を図-3.27に示す．この結果は導入した再生手法を含む水供給システム全体のCO_2排出量である．したがって，ペットボトルによる水供給自体は他の再生手法に比較してCO_2排出量がかなり多いものの，既存の水供給システムと合わせているため，差が小さくなっている．

CO_2排出量が最も少ないのは高度浄水システム導入であるが，放流先移設との差はほとんどない．また，都市内水資源活用もこれらと大きく違わない量である．一方，最もCO_2排出量が多いのは，ワンウェイの場合のペットボトルによる飲料水供給システムであり，高度浄水導入の2倍近い．これは，ペットボトル製造時のCO_2排出量が大きいためである．ペットボトルをリユースすればCO_2排出量を減少できるが，それでも高度浄水導入の1.25倍程度の排出量となる．

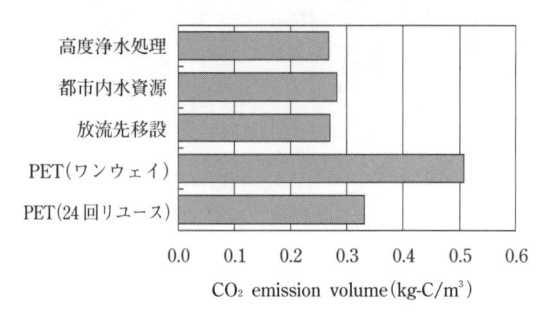

図-3.27 環境インパクト評価結果

3.7 都市水供給システム再生にかかるコスト

　各水供給システムを導入することのコストは，導入するシステムのコストを含む上水供給システムのコストと下水処理コストの和とした。基本的に，水道料金やペットボトルの市場価格など，実際に市民が水を得るために必要となるコストとして評価した。

① 高度浄水導入：建設では，対象域に水道水を供給している浄水場での高度処理施設建設コストから，単位水量当りのコストを算出した。
　　運用では，施設の電力消費量，薬品消費量に，それぞれの費用原単位を乗じ，単位水量当りのコストを算出した。

② 都市内水資源活用：建設コストは関連する施設・設備（中水配管，中水ポンプ，雨水貯留槽，雑排水処理装置）を開発しているメーカーにヒアリングして設定した。
　　運用コストは，施設の電力消費量に，その費用原単位を乗じて算出した。

③ 下水処理水の放流先移設：建設コストは，実際に建設された放流幹線，中継ポンプのコストを事業者にヒアリングして設定した。
　　運用コストは，施設の電力消費量に，その費用原単位を乗じて算出した。

④ ペットボトルによる飲料水供給：ペットボトルの製造コストおよび飲料水の充填などのコストは，企業秘密に関わる事項であるため，データを入手できなかった。そこで，ペットボトルで販売されているミネラルウォーターの平均小売価格で代用した。
　　ワンウェイの場合は，回収されたペットボトルはフレーク化されるとしているが，このコストにはペットボトル1本当りの再生処理費用6円[27]を用いた。
　　また，リユースされる場合のコストに関しては，再生業者ヒアリングなどから，洗浄に必要なコストが総コストに対してわずかであること，リユースをすることでコストが上がると，供給が成り立たないことなどからワンウェイのコストと同額にした。

⑤ コスト計算結果：各システム導入後のコストを比較して図-3.28に示す。都市内水資源活用システムが最も低コストで，高度浄水導入，下水処理水放

第 3 章　市民の視点からの都市水供給システムの再生

```
高度浄水導入              232
都市内水資源活用            217
下水処理水放流先移設          248
ペットボトル給水(ワンウェイ)     933
ペットボトル給水(リユースあり)   933
              0  200  400  600  800 1000 1200
                       コスト(円/m³)
```

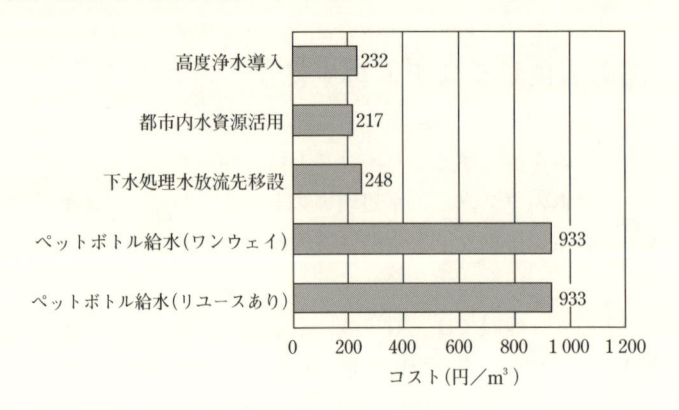

図-3.28　事業実施コスト評価結果

流先移設がこれに続く．ペットボトルによる飲料水供給システムが最も高コストで，他の手法の4倍のコストとなる．大阪市での上水料金が150円/m³，下水料金が80円/m³であることから考えると，都市内水資源活用システム導入では現状よりも低コストにできる可能性がある．

3.8　エコデザインによる都市水供給システム再生の評価

3.8.1　エコデザイン

近年の地球環境問題の高まりの中で，公共事業においても持続可能な発展(Sustainable Development)の視点が必要となってきている．ある環境改善事業の環境面での実施効果が高く，市民の満足度が高くても，ライフサイクルの環境負荷やコストが大きくなることは避けなければならない．そのため，公共事業の実施方策選択において，より実施価値・市民満足度などが高く，かつ，ライフサイクル全体での環境負荷やコストの少ない案を採用することが重要となる．そこで従来の費用対効果に環境の視点を加えた"エコデザイン"による環境配慮型設計，事業選択が求められている[28]．

エコデザインは製品と生産プロセスの設計において，環境的配慮をどう取り入れるかが重要となっている．エコデザインは，コスト(C：製造コスト，リサイ

クルコストなどライフサイクル全体でのコスト），インパクト（I：地球温暖化，資源枯渇など地球環境に与える影響），パフォーマンス[P：利便性，顧客（市民）満足度など]の3要素で評価でき，製品の価値はP/(C·I)で示される。Pを最大にし，CとIを最小にすることでエコデザイン評価を高めることになる。

環境改善・創造型の社会資本整備において，効果は高いがコストと環境負荷が多くなるといったトレード・オフの関係が生じる場合がある。このような問題を解決するためには，将来的に整備手法自体の技術革新（低環境負荷技術・低コスト）が必要となる。現段階で重要なことのひとつとして，事業実施者が事業に関連する情報を提供し，事業実施により便益を得る市民と協議し，トレード・オフの関係にある事業に対して，得られる効果と環境負荷，費用のバランスをいかにとるかを決定することがある。

3.8.2 エコデザインでの総合価値評価の方法

ここでは，パフォーマンスと環境インパクトから各手法のエコデザイン総合価値指標を次式により評価した。

$$ED_A = \frac{\alpha\ P_A}{(\beta\ C_A \cdot \gamma\ I_A)} \tag{1}$$

ここで，ED_A：方策Aのエコデザインによる総合価値指標，P_A：方策Aのパフォーマンス，I_A：方策Aの環境インパクト，C_A：方策Aのコスト，α，β，γ：各要素の重み付け係数。

総合価値指標が大きいほど，事業の価値が高いことを示している。

(1) パフォーマンス評価

製品におけるパフォーマンスとは，ライフサイクルにおける利便性，寿命，付加価値など製品性能に重み付けを行った製品性能全体の総和である[28]。これを公共事業に応用すると，パフォーマンスは事業によりもたらされる便益，得られる環境レベルなどであり，これらは市民満足度としても評価できる。ここでのパフォーマンスは，事業導入の必要性と事業に対する支払い意志額で評価した。また，これらを評価するため，水利用者に対してアンケートを行った。

(2) インパクト評価

製品におけるインパクトとは，ライフサイクルにおける温暖化，オゾン層破壊，酸性雨など様々な環境影響に重み付けを行った環境影響全体の総和である。これを公共事業に応用すると，施設導入時におけるCO_2排出量として評価できる。ここでの評価対象は事業の建設，運用・維持管理とし，耐用年数を土木構造物は45年，機械設備は15年とした。ライフサイクル期間の環境負荷を耐用年数，使用水量で除し，単位水量当りの環境負荷で評価した。

(3) コスト評価

製品におけるコストとは，ライフサイクルにおけるランニングコスト，製造コスト，間接コストなどに重み付けを行ったコスト全体の総和である[9]。これを公共事業に応用すると，事業導入後のランニングコスト，導入時の建設コストとして評価できる。ここでは，事業導入後の単位水量当りのコストで評価した。

3.8.3 AHP法による各評価要素の重み付け

各要素(パフォーマンス，環境負荷，コスト)の重みは1対1の関係ではなく，提案した事業の必要性，環境への影響，コストについての評価は，人の価値観により異なる。

このような多くの目的を同時に明確にし，人間の主観的な価値判断を取り入れ，合理的な決定を促す方法としては，AHP法(Analytic Hierarchy Process：階層化意志決定法)[29]がある。このAHP法を用いてエコデザインの各要素の重み付けを行った。

AHP法は1971年に米国のT.L.Saaty氏(ピッツバーグ大学)によって提唱された意志決定法の一つである。これは，幾つかの候補(代替案)の中から最良のものを選びたいという問題において，勘や直観やフィーリングといった人の主観を取り入れつつ，合理的な決定を促す手法である。

本法を使って問題を解決するには，まず問題の要素を

| 総合目的 | ― | 評価基準 | ― | 代替案 |

の関係で捉えて階層構造をつくり上げる。

そして，総合目的から見て評価基準の重要さを求め，次に各評価基準から見て

各代替案の重要度を評価し,最後に,これらを総合目的から見た代替案の評価に換算する.AHPは,この評価の過程で,主観的判断を取り入れることが特徴である[29, 30].

AHPの手順は大まかに分けると,この4ステップになる.
① 問題の階層化:問題を総合目的,評価基準,代替案に分解し,それを階層図に書き表す.まず目的を階層図の最上層(レベル1)に置き,その下層(レベル2)に大まかな評価基準,このレベル2に準ずる評価基準をその下層(レベル3)に,さらにこのレベル3に準ずる評価基準をその下層…そして最下層には代替案を置く.
② 一対比較:階層図の各レベルの評価基準のうちの2つずつを比べ,それをどれだけ重要かを判断して重要度を決定し,一対比較行列を作成する.
③ 重要度の決定:各要素の一対比較行列から重要度を計算する.
④ 総合的重要度の計算:各要素の重要度をまとめ,総合的な重要度を計算する.

この方法の適用としては,製品の評価などがある.製品の評価は多面的であって,製品を購入する人々は一つの評価尺度だけから製品の優劣を判断していない.また,コストや大きさ,効率のように定量的な項目だけでなく,快適性やデザインのような非定量的かつ主観に基づく項目からも評価している.このような定量的な評価項目と非定量的な評価項目が混在する場合の購買対象製品の評価を行う手法としてAHP法がある.

例えば,車を対象とした場合について考えてみる.この時の総合目的は「車の購入」となる.その評価基準として,価格,スタイル,性能を用い,代替案としてA車,B車,C車の3つがある場合の階層構造は,次のようになる.

次に3つの評価基準の一対比較を行い,重み付けを行う.一対比較に用いられる重み付けの尺度は,**表-3.5**の重要性の定義を用いて,1/9, 1/8, ……, 1/2, 1, 2, ……, 8, 9とする.

例えば,「価格」と「スタイル」を比較して,「価格」の方が「かなり重要」と判断すれば,評価値は3となる.この一対比較

表-3.5 重要性の尺度の定義

重要性の尺度	定 義
1	同じくらい重要
3	やや重要
5	かなり重要
7	非常に重要
9	きわめて重要
(2, 4, 6, 8はそれぞれの中間の時に用いる)	

(文献[29]より作成)

第3章 市民の視点からの都市水供給システムの再生

の結果を次のような**表-3.6**に整理する。

なお，対角要素は必ず「1」となり，対称要素は必ず逆数になる。

次に，3つの代替案の評価を一対比較を通じて行う。すなわち，価格に関して「A車」と「B車」を一対比較し，その重要度（ここでは各評価基準における優位度の意味）を評価して，表に整理していく。これにより，評価基準の数だけの行列表ができる（今回の場合は3つの行列表となる）（**表-3.7**）。

これらの表をもとに重要度を計算する。重要度の計算法には，①幾何平均法と②固有ベクトル法の2通りの方法が提案されている。ここでは手軽に使える幾何平均法を用いた。本法は，各項目の行を幾何平均し，重要度は幾何平均値を合計が1になるように正規化したものになる。例えば，価格の重要度は幾何平均が2.000となり，重要度は0.587となる（**表-3.8**）。

同様に，各車の評価結果について正規化する（**表-3.9**）。

最後に各車の総合的重要度を計算する。この結果が3つの評価基準からの総合的な車の評価結果になる。これは，各車の各評価基準についての評価結果の重みと，評価基準の重要度（次式の斜体数字）を掛

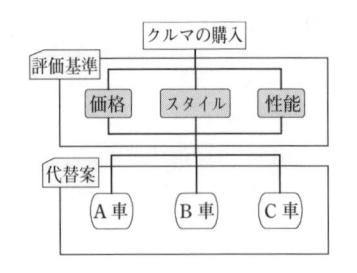

図-3.29　車の購入における意志決定の階層構造

表-3.6　評価基準の一対比較結果

	価　格	スタイル	性　能
価　格	1	1/5	1/3
スタイル	5	1	1/3
性　能	3	3	1

表-3.7　各車の評価行列表

価　格	A車	B車	C車
A車	1	1/5	1/7
B車	5	1	1/3
C車	7	3	1

スタイル	A車	B車	C車
A車	1	7	5
B車	1/7	1	1/3
C車	1/5	3	1

性　能	A車	B車	C車
A車	1	3	5
B車	1/3	1	3
C車	1/5	1/3	1

表-3.8　評価基準の重要度

	価　格	スタイル	性　能	幾何平均	重要度
価　格	1	5	3	$\sqrt[3]{1 \times 5 \times 3} = 2.466$	0.637
スタイル	1/5	1	1/3	$\sqrt[3]{1 \times 1 \times 1/3} = 0.405$	0.105
性　能	1/3	3	1	$\sqrt[3]{1/3 \times 3 \times 1} = 1.000$	0.258
			計	3.871	1.000

表-3.9 評価結果の重み（正規化）

価　格	A　車	B　車	C　車	幾何平均	重み
A　車	1	1/5	1/7	$\sqrt[3]{1 \times 1/5 \times 1/7} = 0.306$	0.072
B　車	5	1	1/3	$\sqrt[3]{5 \times 1 \times 1/3} = 1.186$	0.279
C　車	7	3	1	$\sqrt[3]{7 \times 3 \times 1} = 2.759$	0.649
			計	4.251	1.000

スタイル	A　車	B　車	C　車	幾何平均	重み
A　車	1	7	5	$\sqrt[3]{1 \times 7 \times 5} = 3.271$	0.731
B　車	1/7	1	1/3	$\sqrt[3]{1/7 \times 1 \times 1/3} = 0.362$	0.081
C　車	1/5	3	1	$\sqrt[3]{1/5 \times 3 \times 1} = 0.843$	0.188
			計	4.476	1.000

性　能	A　車	B　車	C　車	幾何平均	重み
A　車	1	3	5	$\sqrt[3]{1 \times 3 \times 5} = 2.466$	0.637
B　車	1/3	1	3	$\sqrt[3]{1/3 \times 1 \times 3} = 1.000$	0.258
C　車	1/5	1/3	1	$\sqrt[3]{1/5 \times 1/3 \times 1} = 0.405$	0.105
			計	3.871	1.000

け合わせることで求められる。

　＜A車＞＝0.072×*0.637*＋0.731×*0.105*＋0.637×*0.258*＝0.287
　＜B車＞＝0.279×*0.637*＋0.081×*0.105*＋0.258×*0.258*＝0.253
　＜C車＞＝0.649×*0.637*＋0.188×*0.105*＋0.105×*0.258*＝0.460

　この結果では，価格の重要度が高いため，価格面で優位と評価されたC車が最も購入する車としては適しているということになる。

　以上のプロセスを式化すると，次のようになる。例えば，同様な機能と性能を持つ製品が2つあり，購買者から見た製品の価値，すなわち製品の望ましさが経済性，省エネルギー性，デザインの3つの評価基準から決まると考えた場合，AHP法では，以下の階層的合成の式が成り立つ。

$$W_A = \omega_1 \cdot w_{A1} + \omega_2 \cdot w_{A2} + \omega_3 \cdot w_{A3}$$
$$W_B = \omega_1 \cdot w_{B1} + \omega_2 \cdot w_{B2} + \omega_3 \cdot w_{B3}$$
$$\text{ただし，} W_A \geq 0, \ W_B \geq 0, \ W_A + W_B = 1$$

(2)

ここで，$W_{A1} \sim W_{A3}$, $W_{B1} \sim W_{B3}$：性能項目に対する対象製品A, Bの重み，$\omega_1 \sim \omega_3$：製品の望ましさに対する各性能項目の重要度(重み)。この式で得られる合成した重みW_A, W_Bが製品A, Bの望ましさとなる。

エコデザインによる各要素の関係を図-3.30に示すようにAHP法を用いて階層化した。そして，①住民の意識，②環境負荷，③コストのエコデザインの3つの要素から，2つの要素についてどちらがどれだけ重要であるかをたずねる一対比較で重要度を求めていった。各要素間の重要性の尺度は9段階で質問し，算出には1つの要素に対する重要度を同等ならば1，重要であれば3，5，7，9として重要性の尺度をつけ，対称要素の重要度はその逆数をとった。そこから項目ごとの重み付け係数を算出した。

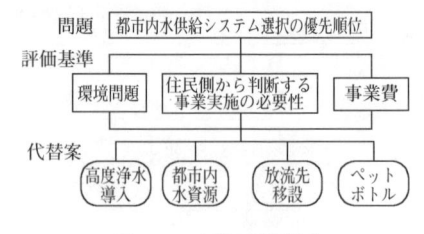

図-3.30 意識の階層構造

表-3.10 各機能の重要度評価結果

環境問題	W_{fc}	0.55
事業の必要性	W_{wr}	0.28
事業実施コスト	W_{pc}	0.17

これにより得られた各機能の重要度を表-3.10に示す。住民の意識では「環境問題」への意識が「事業の必要性」と「コスト」を合わせた重要度よりも高い評価を得ており，都市内水供給システムの選択においては，環境問題への対処が最も重視されることがわかる。さらに「事業の必要性」の方が「コスト」とよりも高い重要度となっており，コストが低い事業よりも必要度の高い事業を住民は重要視することが示されている。

3.8.4　都市水供給システムのエコデザイン総合価値評価

(1) パフォーマンス評価

a. 必要性評価

各水供給システムの導入必要性評価についての回答を点数化して評価値とした。各回答に対して，①「導入すべき」5点，②「どちらかというと導入した方がよい」4点，③「どちらでもない」3点，④「あまり必要ではない」2点，⑤「導入しなくてよい」1点とし，バイアスを取り除いた平均値を各水供給システム導入の必要度と評価した。ペットボトルによる水供給システムに関しては，リユースして

3.8 エコデザインによる都市水供給システム再生の評価

もワンウェイの場合でも,水供給システム自体は同じであることから,同一のものとして評価してもらった。

評価結果を表-3.11に示す。点数は,都市内水資源活用システムと,下水処理水放流先移設による水供給システムが高く,ペットボトルによる水供給システムが最も低い。住民はペットボトル入りのミネラルウォーターを補助的には利用しているが,飲料水全量に使用することには抵抗があることがうかがえる。

表-3.11 事業の必要性評価結果

	必要性評価点
① 高度浄水導入による水供給システム	3.9
② 都市内水資源活用による水供給システム	4.2
③ 下水処理水の放流先移設による水供給システム	4.1
④ ペットボトルによる水供給システム	2.6

b. WTP

各水供給システム導入に対する平均支払い意志額を表-3.12に示す。これら値は,特異値を取り除いた中央90%の回答から算出した平均値である。

表-3.12 事業に対する支払い意志額

	WTP(円/月)
① 高度浄水導入による水供給システム	223
② 都市内水資源活用による水供給システム	222
③ 下水処理水の放流先移設による水供給システム	194
④ ペットボトルによる水供給システム	577

ペットボトルによる水供給システムに対しての支払い意志額が他の再生手法の支払い意志額の2倍以上の高値となっている。ペットボトルによる飲料水の確保は,他の手段に比較して確実に安全でおいしい水を得ることができるという意識から,このような差が生じてしまったと考えられる。

ペットボトルによる水供給システム以外のシステムへの支払い意志額は,ミネラルウォーター購入での支払額の1/2以下であり,他のシステムにより供給される水の飲料水としての価値は,ミネラルウォーターよりも低く評価されている。

その他の水供給システム再生手法では支払い意志額に大きな差は見られないが,下水処理水の放流先移設は,高度浄水導入や都市内水資源活用よりもやや低い評価となっている。市民はより確実な再生手法に対して高い評価を与えている。

これは反対に，確実性が担保でき，しかもその確実性を市民に理解しやすい情報形態で立証できれば，市民の評価は高まることを示しているともいえる。

事業選択においていかに事業内容と効果の説明が重要であるかがわかる。

c. パフォーマンスの相対評価

各水供給システムのパフォーマンスの比較結果を図-3.31に示す。これは，高度浄水による水供給システムの評価結果を1とした相対値で表している。

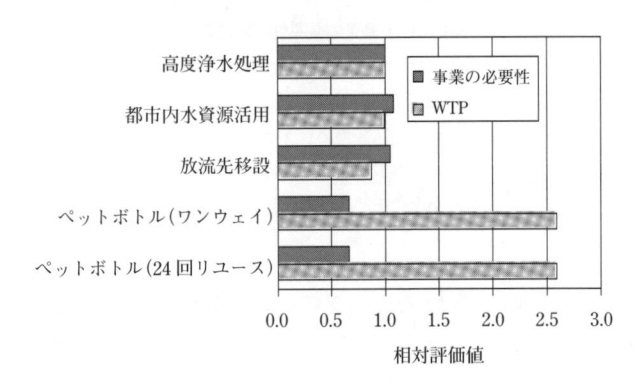

図-3.31 パフォーマンス評価結果

事業の必要性の面では，ペットボトル給水による手法は他の手法の2/3程度の評価点と低い評価であるが，反対にWTPをもとにした評価ではペットボトル給水は他手法の2.5～3倍の価値があるものと評価している。したがって，市民はペットボトル給水による水供給再生システムを実施することに対しては他の手法よりも消極的な考えを持っているが，もし導入されたならば高い評価を与えることが推測される。ペットボトルによって給水される水に対して高い信頼を置いていること，他のシステムではペットボトルで得ることのできるレベルの水を得られないと考えていること，しかしペットボトルによる給水は現実的ではないと考えていることがこのような評価を導いたと考えられる。

他の3手法には評価に大きな差は見られないものの，下水処理水放流先移設は都市内水資源活用よりも評価は若干低くなっている。放流先移設よりも都市内水資源活用の方が安全でおいしい水の供給に関して確実性が高いために，この差が生じたと考えられる。

3.8 エコデザインによる都市水供給システム再生の評価

(2) 環境インパクトおよびコスト評価

環境インパクト（ライフサイクルでのCO_2排出量）とコストについて，高度浄水処理を基準に相対化評価した結果を**図-3.32**に示す。

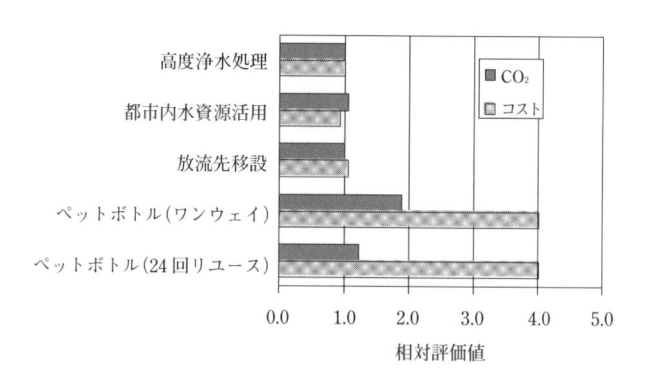

図-3.32 環境インパクト評価結果

都市内水資源活用システム，処理水放流先移設システムどちらも環境インパクトとコストの面では，高度浄水処理を大きな差はなく，これら指標ではこの3つの再生手法はほぼ同等と考えてよい。

一方，ペットボトルによる給水システムでは，環境インパクトは他の2手法の2倍近くにもなり，コストはさらに4倍近い差がある。ペットボトルを繰り返し利用（24回のリユース）すれば，環境インパクトは2/3程度まで低減でき，これによって他の手法との差は相対的に小さくできる。

しかし，ペットボトルによる水供給は，安全でおいしい水の供給の面で確実性があるが，これを導入することによる環境インパクト，コスト面でのデメリットは大きい。これを導入することは，本手法のパフォーマンスを住民が相当に高く評価しない限り無理である。

(3) 総合価値指標値

評価した各水供給システムエコデザイン総合価値指標値を**図-3.33**に示す。コスト，環境インパクトの評価値が低いほど，パフォーマンス（事業の必要性についての市民意識とWTP）については評価値が高いほどエコデザイン評価値は高くなる。

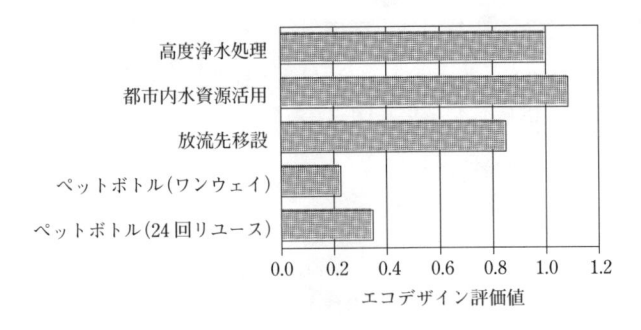

第3章 市民の視点からの都市水供給システムの再生

図-3.33 エコデザイン総合評価値

a. 都市内水資源活用システム

4つの都市内水供給システムのうち，最もエコデザインによる評価値が高いのは，都市内水資源活用による水供給システムとなった。

高度浄水，都市内水資源活用，下水処理水放流先移設の水供給システムでは，環境負荷，事業の必要性の評価において大きな差は見られない。その中でも都市内水資源活用システムは，事業必要性の評価，コスト面で優位であったため，エコデザイン評価値が他のシステムと比較して高い値を示している。

事業の必要性を見ると，全水供給システム中で最も高い評価をしており，アンケート被験者による環境に対する意識が高いという重み付け係数の結果と合わせてみると，水の再利用，有効利用をアンケート被験者が高く評価している。

b. 高度浄水導入による水供給システム

都市内水資源活用システムと比較すると，高度浄水による水供給システムはエコデザイン評価値において差がわずかであり，対象地域や対象施設によってはコスト，アンケート結果の相違によって逆転することが考えられる。これらのことを踏まえると，高度浄水と都市内水資源活用による水供給システムは，エコデザインの考えからすると，ほぼ等価値と評価できる。

c. 下水処理水放流先移設による水供給システム

この水供給システムが先のシステムよりも評価値が低かったのは，システム導入に伴うコストがやや高かったこと，WTPが低かったことが影響している。この水供給システムを導入しても，水源は改善されるが，水道水が直接改善されないので，アンケート被験者はこの水供給システムと自分たちが利用する水道水へ

の関連性を希薄に感じたのではないかと考える。水源が良くなるために導入はしてほしいが，生活費への影響を考えてWTPを低く答える回答者が多かったことが考えられる。

d. ペットボトルによる水供給システム

ペットボトルによる水供給システムは，リユース，ワンウェイどちらの場合ともエコデザイン評価値が低くなっている。これは，WTPは，他のシステムよりも約2倍高いものの，環境負荷が約1.2～1.5倍，コストは4倍以上も高いためである。

そしてこの結果は，今現在ペットボトルを用いたミネラルウォーターの供給の問題点を明確に現している。それは水道水と比べて単価が高いこと，環境面に問題を抱えていることである。ペットボトルによる水供給システムを社会システムとして導入するためには，この2つの問題点を解決する必要がある。

3.9 市民の求める都市水供給システムの再生に向けて

本章では，水の繰返し利用が行われている地域において，「安全でおいしい水」を供給するため考えられる水供給システム再生手法を事業実施による環境への影響を極力少なくすることを目的とする"エコデザイン"という評価手法により評価した。評価では，分子にパフォーマンス（事業の必要性，事業に対する支払い意志額），分母をインパクト（環境負荷）とコストとするエコデザイン総合価値指標を用い，これが事業の評価・選定に用いることができかどうかをモデル地域を対象に検討した。

対象とした水の繰返し利用地域では，水供給システムのエコデザインという考えからは，検討した4つのシステム（①高度浄水導入，②都市内水資源活用，③下水処理水放流先移設，④ペットボトルによる水供給）の中では，都市内水資源活用に伴う水供給システムが最も良い再生手法であると評価できた。

現実には，対象としたモデル地域では高度浄水導入が行われていることから，この地域での水供給システムの再生は高度浄水導入を基本としつつ，要求水質以上の水の供給（高度浄水した水をトイレ洗浄水として給水するなど）を抑制していくため，都市内水資源活用を進めていくことがエコデザインとしての水供給シス

第3章 市民の視点からの都市水供給システムの再生

テム再生となる。

　また，事業導入必要度，事業コスト，事業による環境影響の3つの観点では，住民は環境影響を最も重視していたことから，水供給システム再生にあたっては，環境負荷が少なく環境への影響を最大限少なくできる手法としていくことが必要である。これを客観的に評価する指標として，ここで提案したエコデザイン総合価値指標が適用できる。

　市民の求める都市水供給システムの再生手法としては，当然，市民の考える価値が高いことは必要であるが，市民はどうしても直接的な便益に重きを置いて評価しがちである。このため，選択した手法により市民が得る便益は大きいものの，その事業を実施していくことによって地球環境に大きな負担をかけてしまうこともある。また，コストを度外視した事業はあり得ない。また，地球環境への負担の大きい，あるいはコストのかかる事業は，結局は市民に対して不利益をもたらし，市民の生活を圧迫していく。したがって，市民の求める事業を明らかにしようとすれば，単に市民評価だけでなく，ここで行ったようなエコデザインという考え方による選択が是非とも必要である。

　ここで示したように，エコデザイン評価は，事業導入に対する影響を統合化して評価できることから，持続可能な社会システム構築に向けて，製品評価のみならず，公共事業の評価に対しても有効な評価手法になりうる。

　しかし，本手法は開発段階にあるもので，本評価手法を，今後，実際に事業選択に活用するには，以下の点で手法の洗練化を進める必要がある。

① パフォーマンス評価の方法：パフォーマンス評価の点では，今回は事業に対する支払い意志額で評価したが，事業実施による便益は多種多様存在する。安全性や環境改善効果などからも評価していくべきである。

　環境インパクト評価の点では，ここで評価したCO_2排出量だけでなく，地球環境へのインパクトとして考えられるものをできるだけ多く取り入れていくことが望ましい。その場合には，エコインジケーター95[9]のような統合化指標を用いることも考えられる。しかし，公共事業導入においてすべての環境インパクトを取り上げるのは現段階では困難である。今後，公共事業導入にかかる環境汚染物質のデータベースを構築し，事業導入に伴って考慮しなければならない環境負荷を的確に選択し，エコデザイン評価の項目として取り扱うことが考えられる。また，例えば，ミネラルウォーターを供給する

場合には，地下水資源が消費されるが，これが消費されることの評価も行うような，評価が十分にされてこなかった環境資源の価値評価もエコデザイン評価に組み込んでいけば，より総合的な評価手法となる。

② 重み付けの方法：さらに，各項目の重み付けについても検討の余地がある。今回はアンケート被験者を対象に，利用者の意識に基づいて重み付けを行ったが，重み付けの方法によりエコデザイン評価値は大きく異なる。利用者の意識を問う場合では地域によって異なることが考えられ，また重み付けによる方法は利用者への意識調査だけでなく，学識経験者や社会・経済制度面からの検討も重要である。

事業によって必要な効果，考慮しなければならない環境への影響を踏まえ，どのような重み付けをするかを決定することがエコデザイン評価の要点である。それらのことが適切に行われた時，エコデザイン評価は事業を評価・選定する際に重要なツールとなりうると考えられる。

参考文献

[1] 住友恒，伊藤禎彦，坂敏彦，大谷真已：環境衛生工学研究，Vol.12, No.3, pp.85-90, 1998。
[2] 眞柄泰基：高度浄水処理の現状と今後の動向，水道協会誌，Vol.67, No.12, pp.2-6, 1998。
[3] 建設省関東地方建設局江戸川工事事務所：パンフレット「わたしたちの江戸川」，1999。
[4] 早川光：ペットボトルウォーター台頭の文化・社会・経済的背景，土木学会誌，85, 11, 2000。
[5] 丹保憲仁：(巻頭言)全体が見えないと困ることが多い，下水道協会誌，Vol.39, No.472, 1, 2002。
[6] 荒巻敏也：分散型の下水管理，下水道協会誌，Vol.39, No.471, pp.4-5, 2002。
[7] 中西弘：水循環と上下水道のE(Earnest & Ecology)関係，月刊下水道，Vol.23, No.6, pp.20-23, 2000。
[8] 中西弘：健全な水循環と下水道，下水道協会誌，Vol.38, No.459, pp.33-37, 2001。
[9] 多田律夫，三浦浩之，和田安彦，大山秀格：水自給型都市構築システムの環境効率評価，水環境学会誌，Vol.23, No.2, pp.33-40, 2000。
[10] 多田律夫，三浦浩之，和田安彦，大山秀格：分散型水供給システムのエコデザインによる評価，環境システム研究論文集，28, pp.201-206, 2000。
[11] 藤田四三雄：水と生活，p.54, 槙書店，1982。
[12] 大阪府水道部統計年報(平成元年～平成3年度)
[13] ㈶環境情報科学センター：製品などによる環境負荷評価手法等検討調査報告書，38, p.3, 1998。
[14] 科学技術庁金属材料研究所(現 独立行政法人物質・材料研究機構)：エコマテリアル研究 データベース，http://www.nims.go.jp/nims/。
[15] 鶴巻峰夫，藤岡荘介，内藤弘：下水道終末処理施設のライフサイクルでの環境負荷の定量化について，第4回地球環境シンポジウム講演集，pp.57-62, 1996。
[16] 鶴巻峰夫，藤岡荘介，内藤弘：運転時の負荷が大きい上下水道施設の環境負荷の評価，土木建設業

第3章 市民の視点からの都市水供給システムの再生

における環境負荷評価(LCA)研究小委員会講演要旨集，pp.57-62，1997．
[17] 大阪府水道部統計年報(平成10年〜平成年11度)
[18] 空気調和：衛生工学会雨水利用システム設計事務，丸善，p.38，1997．
[19] 和田安彦・三浦浩之・村岡治道：雨水利用中水道システム導入による都市水循環適正化の研究，土木学会論文集，No.578/Ⅶ-11，pp.27-36，1998．
[20] 酒井寛二：建築活動と地球環境—建築のライフサイクル環境負荷—，空気調和・衛生工学会，1995．
[21] 川本克也，小倉勇二郎：建築物における排水再利用の実態と評価，用水と廃水，37(6)，pp.19-25，1995．
[22] 近畿地方建設局水分・水質データベース，近畿地方建設局HP，http://www.kk.moc.go.jp/．
[23] 大阪府土木部下水道課：大阪府下水道統計平成12年度版，大阪府，p.64，2000．
[24] 産業環境管理協会，LCA実務入門編集委員会：LCA実務入門p.360．
[25] ライフサイクルインベントリー分析の手引き，化学工業日報社．
[26] EICネット_環境情報案内・交流サイトHP：ライブラリ「わたしたちのごみは？」，「びんのリサイクル」，http://www.eic.or.jp/gomi/re_bottle2_s.html，2001．
[27] 日本容器包装リサイクル協会HP：http://www.jcpra.or.jp/．
[28] 山本良一：戦略環境経営エコデザイン，p.12，ダイヤモンド社，1999．
[29] 木下栄蔵：孫子の兵法の数学モデル 実践編，ブルーバックスB-1235，講談社，1998．
[30] 木下栄蔵・海道清信・吉川耕司・亀井栄治編著：社会現象の統計分析 手法と実例，朝倉書店，1998．

第4章　市街地にある河川の
　　　　環境空間としての市民の評価

4.1　都市河川と市民

　近年，日本では都市域を中心に人々の身近な自然環境への関心が高まりを見せるとともに，清流や景観，生態系の保全などに配慮した水辺整備が行われるようになってきた。このような水辺整備の最大の特徴は，整備の良し悪しが主な利用者である地域住民の主観的(感覚的)な判断に大きく左右されるということである。したがって，水辺整備の場合は，特に水辺周辺で生活している多くの人々の意向を十分に把握し，反映させていくことが必要である。

　都市河川では，都市の過密化，水使用量の増大，排水処理の不完全，そして土地の高度利用による不浸透面積の増大，下水道の整備などにより，水質汚濁が進行し，平常流量は減少しており，次々に暗渠化や埋立などにより姿を消し，本来の河原らしさを失い，住民に憩いや安らぎを与える水辺である河川空間が減少している [1]。河川は，都市内に残された貴重な自然空間であることから，豊かで潤いのある質の高い生活や良好な環境を求めるニーズの増大に伴い [2, 3]，豊かな自然環境の体験の場，貴重な水と緑のオープンスペース，潤いのある生活の舞台などとしての役割が期待され，より良い河川環境が望まれている。

　このことは，1997年(平成9年)の『河川法』改正にも盛り込まれている。『河川法』改正により，従来の治水・利水に加えて，「環境の整備・保全」が河川整備に位置づけられるとともに，河川の具体的な整備を進めるために計画段階からの住民参加の必要性が示された。そのため，これまでのような利水や治水とともに，清流の維持や，河川景観を保全するというような整備，住民の意見を取り入れた河川環境の整備が行われるようになってきた。

しかし，その整備にあたっては，生物分野の人たちの意見を聞かずに工学の立場だけで判断したり，十分な情報の蓄積やそれらの精緻な分析なしに行動に移したりといったことが見受けられ，必ずしも十分な対応がなされていなかった事例もあった。それが，長良川河口堰の建設が大きく社会問題となったことを契機として大きく変わり始め，近自然型川づくりの実施など生物の分野の人たちと連携した環境への積極的取組み，情報公開や市民参加による意思決定システムの試行など，様々な新しい取組みを展開し始めている[2]。

4.2 市民参画手法としてのパブリック・インボルブメント

4.2.1 パブリック・インボルブメント

これまで，地域のまちづくりに関する公共・公益計画の策定は，行政が住民アンケートなどを参考にコンサルタントなどに指示して行政の責任で計画し，市民に対するいろいろなレベルの説明会を行い，事業化行程に入る方法がとられてきた。しかし，まちは市民が日々の生活をおくるステージであり，市民ひとり一人が持っている夢や自己実現を目指すうえでのステージでもある。そのため，市民ひとり一人の主体性を認めるような公共・公益計画となることが必要である。当然，個人のみの便益追求では社会が成り立たないため，より多くの人の賛同を得て，市民としての便益を確保しつつ，そのうえで個人としての便益を確保することが求められる。

そのためには，公共事業において，事業計画だけでなく事業の評価に関しても，住民の意向を取り入れる政策がとられ始めている。2002年(平成14年)1月31日の毎日新聞には，埼玉県志木市が大型の公共事業で市民が事業の内容を選ぶ「市民選択権」を条例で明記する方針をかためたことが報道されている。志木市の構想では，建設費用1億円以上の事業について，市民が選択肢から選んだり，施設内容の意見を述べたり，例えば，生涯学習センターを建設する際，プランごとに建設費を提示したうえで，「お年寄りルーム」，「児童遊戯場」，「保育園」のどれを求めるかを選んでもらうというものである。事業の選択方法としては，「10人前後で構成する公選評議員」，「審議委員の任命」，「市民アンケート」などの方法を

4.2 市民参画手法としてのパブリック・インボルブメント

検討しているということである。

今後の公共事業では，このような市民参加が増えていくが，その一方法としてパブリック・インボルブメント(Public Involvement；PI)がある。Publicとは市民，住民，国民であり，Involvementとは「巻き込む」，「引きずり込む」である。すなわち，公共事業の計画・実施において，関連する市民などを巻き込んで，一緒により良い事業としていこうとするものである。

これは，1960年代後半の米国で起きた高速道路建設反対運動への取組みがもとであり，1991年に成立した『連邦陸上輸送総合効率化法』(Intermodal Surface Transportation Efficiency Act；ISTEA)で，交通計画決定においてPIを行うことを義務づけた。

日本においても1992年(平成4年)に『都市計画法』が改正され，市民参加を不可欠とした都市マスタープランの策定の制度化，公聴会やワークショップなど，計画プロセスにおける様々な市民意見反映のためのシステムづくりが重要視されるようになってきている。

PIは，行政が積極的に市民と接触し，市民の意見を何らかの形で計画に反映させるものである。施策の立案や事業の計画，実施などの過程で，その施策によって関係の及ぶ市民(Public：住民・利用者や国民一般)に情報を公開したうえで広く意見を聴取し，それらを反映させて，継続的に関与させる(Involve)する住民参加の方式である。

4.2.2　パブリック・インボルブメントの意義

パブリック・インボルブメントを取り入れていくことによって，市民が政策決定の過程に積極的に参加することになり，公共事業の透明性を維持すると同時に，住民の事業に対する理解を得て，合意形成の効率化を図ることができる。また，公共施設の計画においてその市民の経験と能力を発揮することにより，より使い勝手の良い施設を計画することもできる。さらに，利用者である市民は，自らの能力を活用して政策決定に参加することにより，サービスに対する満足度が向上することになる。

また，行政などが公共施設の「計画」を行う「専門家」とするならば，市民や企業はその施設を「使用」する「専門家」ということができる。したがって，公共施設の

計画においてその市民の経験と能力を発揮することにより、より使い勝手の良い施設の計画がつくられることになる。利用者である市民は、自らの能力を活用して政策決定に参加することにより、サービスに対する満足度が向上することにつながっていくことになる。

4.2.3 市民参画の形態

市民参画の携帯としては、次の3段階がある。
① 市民からの情報収集と周知：アンケート調査、ヒアリング調査、説明会、ニュースレター、ホームページ、シンポジウム、現地見学会、オープンハウス。
② 市民による計画策定：ワークショップ。
③ 社会実験的参画など：地域、期間限定のまちづくり実践。

4.3 都市内河川に対する市民の評価

4.3.1 厳しい環境下にある都市中小河川

都市内の河川空間は、市民にとって貴重なオープンスペースであり、ここに質の高い空間が形成されている"まち"は、市民生活に潤いをもたらし、望ましいものである。しかし、多くの都市内の中小河川は、市街地の不浸透化(田畑や空地、林地、丘陵地の宅地化)による地下水減少と、下水道整備による生活排水の流入減少によって流量が減少し、豊かな水環境を提供できていない。さらに、治水のためのコンクリート三面張りなどによって単調な空間となってしまっているものも多い。このような、市民への豊かな水空間の提供が期待されているが、その期待に応えることのできていない中小河川が数多く見られる。

市民が満足するような河川環境を創出していくには、市民の河川に対する意識、および現状の河川環境への流域住民の不満、要望を把握、評価することが必要不可欠である。そして、このような河川に対して市民はどう考え、そのようにして欲しいと考えているのかを調べてみることが必要である。

4.3 都市内河川に対する市民の評価

そこで、市街地を流下する環境状況の良くない都市内河川に注目し、この水環境を改善していく方向を明らかにするために、河川周辺地域の住民に対して河川環境に関するアンケート調査を行い、河川流域住民の河川環境に対する意識の評価を行った。

対象としたのは大阪府茨木市から摂津市に流れる大正川(環境基準C類型)である。大正川は市街地を流下する都市内河川であり、晴天時の流量が少なく流れがほとんど感じられない。また、河原に公園や散歩道が整備され、水際に近づきやすい状況になっているが、一部はコンクリート三面張りで整備され水際に近づくこともできない状況になっている。

4.3.2 対象河川の概況

大正川の流域図を**図-4.1**に示す。対象範囲は、下浅川橋付近から安威川との合流地点までとした。大正川は、河道自体には変化が少ないが、護岸や河川敷などの整備状況が場所により異なるため、河川の形状、川幅、流速、護岸の整備状況などをもとに対象範囲をAゾーンからCゾーンの3ゾーンに分けた(**図-4.2**)。各ゾーンの特徴を**表-4.1**に、各ゾーンの河川環境の状況を**写真-4.1～4.3**に示す。

- Aゾーン:下浅川橋付近～西沢良宜橋付近
- Bゾーン:西沢良宜橋付近～大正川橋付近
- Cゾーン:大正川橋付近

図-4.1 大正川

第 4 章　市街地にある河川の環境空間としての市民の評価

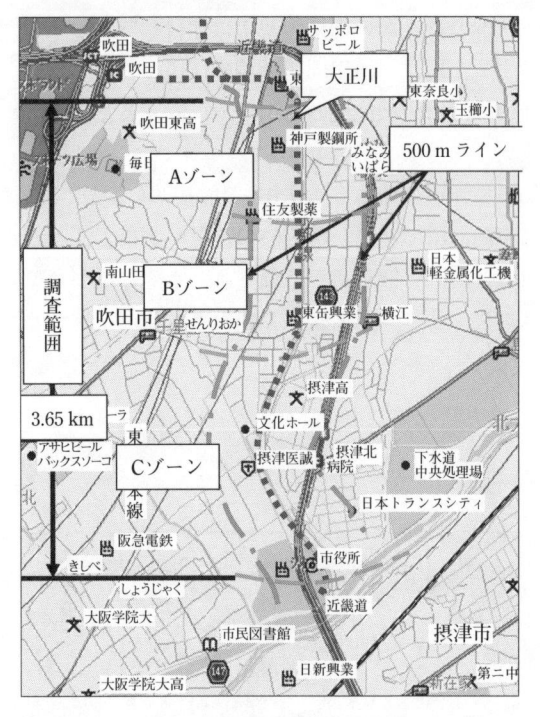

図-4.2　調査地域のゾーン分け

～安威川との合流地点まで

なお，Cゾーンにある境川合流点では1996年度（平成8年度）から1998年度（平成10年度）まで大阪府により階段護岸や高水敷の整備が実施されている。また，1998年度後半より摂津市による上物整備（四阿，ベンチなど）が実施され，1999年（平成11年）4月に一般開放されている。

対象範囲の水質（ここではBOD）の変遷と，大正川が流下する茨木市および摂津市の下水道普及率の変遷との関係を**図-4.3**に示す。下水道が整備されるにつれ，大正川の水質が良くなっていることがわかる。大正川流域では下水道がほぼ整備され，河川の水質は環境基準C類型を満たしている。

4.3 都市内河川に対する市民の評価

表-4.1 各ゾーンの状況

河川に生息する生物	Aゾーン		フナ，オオクチバス，カルガモ，マガモ，ゴイサギ
	Bゾーン		コイ，フナ，カルガモ，マガモ，ゴイサギ，小魚が数多く生息している。
	Cゾーン		コイ，フナ，コサギ，小魚が数多く生息している。
河川の護岸整備状況（歩道，緑，親水性，人の利用状況）	Aゾーン	歩道	なし。整備されていない。
		緑	水生植物は少ない。
		親水性	護岸の傾斜がきつく，水際に近寄ることもできない。
		利用状況	利用している人はいない。排水路としての機能しかない。
	Bゾーン	歩道	コンクリートで舗装された歩道が下流まで続いている。
		緑	樹木はなく，雑草が生い茂っている。また水生植物も多く見られる。
		親水性	人工的な親水施設はなく，水際に近寄りにくくなっている。
		利用状況	主に散歩やジョギングに利用している人が多い。子供たちが水遊びをしている。
	Cゾーン	歩道	コンクリートで舗装された歩道が下流まで続いている。
		緑	河川敷は草で覆われている。下流にいくほど水生植物は減っている。
		親水性	人工的な親水施設が整備され，水辺に近づきやすくなっている。
		利用状況	主に散歩やジョギングに利用している人が多い。子供たちが水遊びをしている。

写真-4.1 対象河川の環境状況（Aゾーン）

第4章 市街地にある河川の環境空間としての市民の評価

写真-4.2 対象河川の環境状況（Bゾーン）

写真-4.3 対象河川の環境状況（Cゾーン）

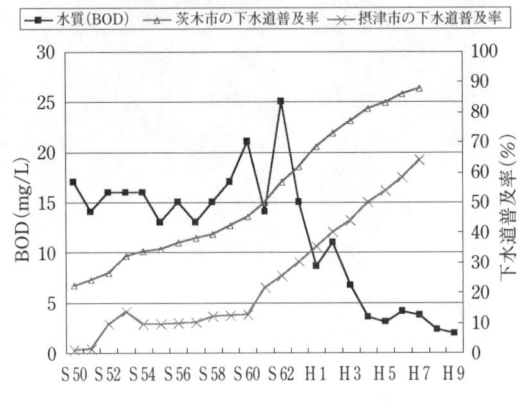

図-4.3 下水道普及率と河川水質の変遷

4.3.3 アンケート調査の概要

アンケート調査の目的を以下に示す。
① 大正川周辺住民が大正川に対してどのようなイメージを持ち，どのようなところに魅力を感じているのか明らかにする。
② 地域住民が今後大正川をどのように改善していってほしいと考えているのかを明らかにする。
③ 地域住民の望む情報を明らかし，それを具体的な河川環境改善事業に結びつけていくにはどうしたらよいのかについて検討する。

アンケート調査範囲は，大正川の両岸500 m以内に居住している住民を対象に行った。調査期間は1999年7月19日～8月7日であり，各戸に用紙を配布し，回収は郵送で行った。有効回収数は307票，回収率は71％であった。

アンケートでは，現在の大正川へのイメージ，関心度，知りたい情報などを質問した。質問項目を**表-4.2**に示す。

なお，解析を行った標本の男女比が母集団の男女比と比べて女性の割合が高かったため，性別による補正を行った。

表-4.2 質問項目

大正川のイメージに関する項目	● 大正川についてのイメージ ● 大正川の魅力
大正川に行く頻度，関心度に関する項目	● 大正川への関心の有無 ● 自宅から大正川までの徒歩での移動時間 ● 大正川を見る，行く頻度 ● 大正川に行く目的 ● 大正川に行かない理由 ● 大正川について知りたい情報
河川改修事業に関する項目	● 改善してほしい点 ● 改善後の行く頻度の変化 ● 改善事業の際知りたい情報 ● 情報手段
属性に関する項目	● 年齢　● 性別　● 職業　● 居住年数　● 家族構成 ● ペット（犬）の有無　● 経済的ゆとり感 ● 時間的ゆとり感　● 余暇の過ごし方

4.3.4 河川の現状に対する評価

大正川へ関心については,「関心がある人」の回答者は63％,「関心がない人」の回答者は35％となっており,大正川は周辺住民にとって関心を持つ対象であることがわかる。

では,どのような点で大正川は魅力を持っているのであろうか。これについてたずねた結果(**図-4.4**),現在の大正川の魅力として,「生物がいる(53％)」が最も多く,次いで,「川辺に緑がある」,「季節感がある」で,それぞれ約30％となっていた。一方,「水がきれいである」は6％,「水とふれ合える空間がある」は14％と少ない。このことより,大正川の魅力としては,緑があり,生物のいる自然的

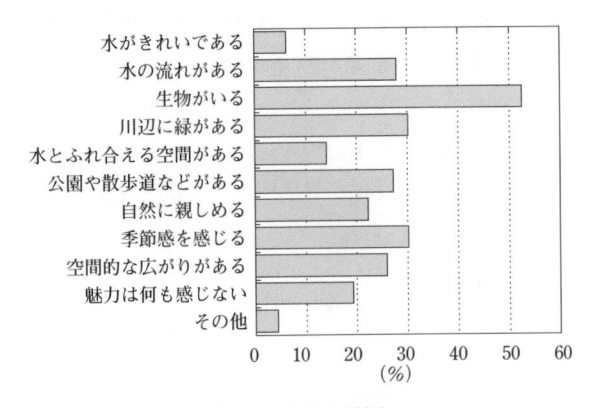

図-4.4 大正川の魅力

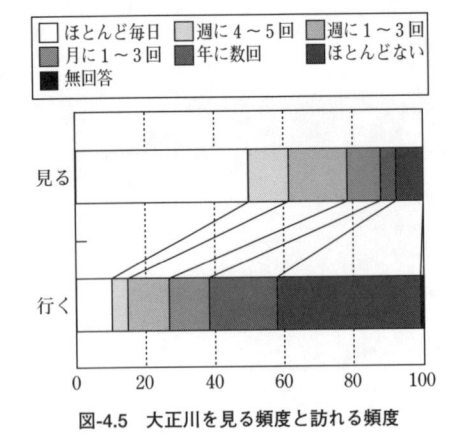

なオープンスペースとして認識されているが,水環境として魅力を感じている人は少ないことがわかる。

大正川を見る頻度と行く頻度とを比較してみた(**図-4.5**)。ここでの見る頻度というのは,普段の生活の中で大正川を見る機会のことで,行く頻度とは目的をもって大正川に行く機会のこととする。

全体の50％もの人がほとんど毎日

図-4.5 大正川を見る頻度と訪れる頻度

4.3 都市内河川に対する市民の評価

大正川を目にしているが,目的を持ってほとんど毎日行く人は10％程度と少ない。目にすることが多いのは,回答者の9割以上が大正川より300m以内に居住していること,大正川沿いには通勤,通学に利用される道があることによるものである。このため,地域の人々にとって,大正川は日常の風景の中にあるものであるが,意識して訪れることは少ない河川であることがわかる。これは,ほとんど毎日大正川に行く人は少ないものの,年に数回でも大正川を何らかの形で利用している人が60％弱にものぼっていることからもうかがえる。大正川は地域の人々に親しまれている河川である。

大正川に行く目的は(**図-4.6**),「風景を楽しむ」の回答者が33％と最も多く,次に「スポーツをする」,「生息する生物の観察をする」の回答者が多かった。すなわち,川べりを散策しながら,川に生息している水鳥を見ているのが主な来訪目的であり,犬などの散歩もこれらの回答に含まれていると考えられる。さらに,健康保持のためのジョギングなどにも利用されていることがわかる。

「水とふれ合う(7％)」の回答者は少ないが,これは現在の大正川への魅力で示したように,住民の水質への悪いイメージが影響しているものと考えられる。したがって,やはり,大正川は水の存在する環境としての意識よりも,散策などが行える連続したオープンスペースとして意識されていることがわかる。

一方,大正川に行かない理由を聞いたところ,最も多かったのは「大正川に行く目的がない(25％)」であり,次に「水がきたない」が17％となっている。また,「レクリエーション施設が未整備」という意見も目立つ(**図-4.7**)。

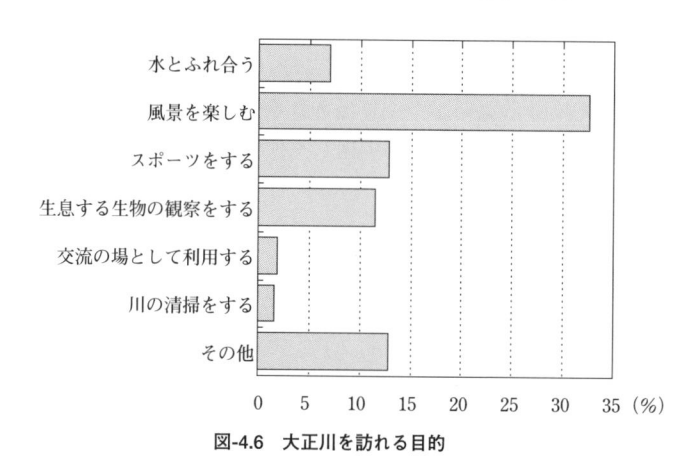

図-4.6 大正川を訪れる目的

第4章　市街地にある河川の環境空間としての市民の評価

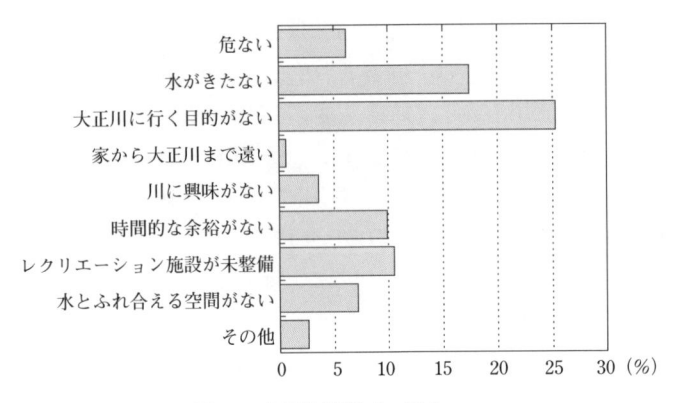

図-4.7　大正川を訪れない理由

したがって，現在の大正川は，地域の人々を積極的に惹きつけるような魅力には欠けており，施設的にも河川の水質的にも望ましいレベルにないことがさらに人々に魅力的なものとして意識されていない。

このことをもとに考えると，人々が行って楽しめる状況を大正川に生みだし，かつ水質を良くすれば，大正川は地域の人々にとって魅力のある空間として意識されるようになるといえる。

河川改修事業が行われるとした時に改善して欲しい点を質問した(**図-4.8**)ところ，「水をきれいにする(75％)」ことを望んでいる回答者が最も多かった。現状の河川水質に対して満足していない地域住民が多かったことから，この点を改善点として多くの人があげることになっている。次いで，「緑豊かな水辺にする(52％)」ことを望んでいる。現状の護岸上の道は街路樹がないことから，ここに植樹して，木陰のある散策路がつくり出されることを望んでいるものと考える。

それから，地域住民は河川空間が利用しやすい状況に変わって欲しいと考えているようで，「公園や散歩道を整備する(45％)」，「水とふれ合える空間を整備する(39％)」といったことを半数近くの人々が望んでいる。さらに，河川の水環境に対しての要望も高く，「生物を今より棲めるようにする(44％)」，「護岸を生物が生息できる方法で整備する(42％)」，「水の流れをよくする(41％)」ことを要望している。

現状のままでよいとする意見や，防災・治水面での整備を望む意見は少なく，人々は地域の環境資源として有効活用しようとする気持ちが強いと推測できた。

4.3 都市内河川に対する市民の評価

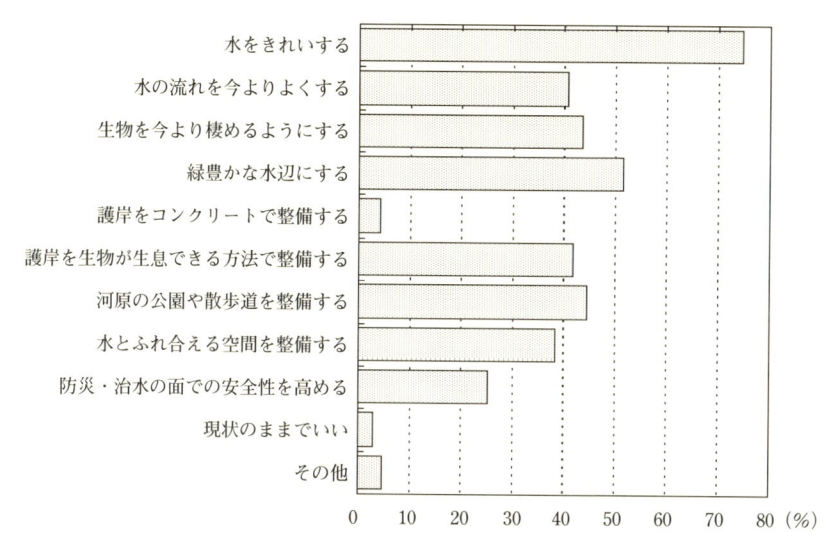

図-4.8 河川の改善事業として望むこと

4.3.5 河川に対するイメージ

　イメージやコンセプトなどを評価するのによく用いられる方法にSD法がある。SD法とは，Semantic Differential Method（意味微分法）の略で，イメージを定量化するための手法として心理学で用いられるようになった手法である。
　SD法は，多数の形容詞対（形容詞のペア）を用いて，アンケートにより事物を言語化する手法である。具体的には，例えば，
　　「快適な空間」
　　「美しい空間」
　　「心休まる空間」
　　「楽しい空間」
といった形容詞対を用いて，回答者のイメージを定量化しようとするものである。例えば，「快適な」という形容詞について，
　　「非常に快適な」
　　「かなり快適な」
　　「やや快適な」

93

第 4 章　市街地にある河川の環境空間としての市民の評価

「快適でも不快でもない」
「やや不快な」
「かなり不快な」
「非常に不快な」

という7つのレベルを設定し，いずれかのレベルが回答者のイメージに該当するのかをチェックをしてもらうことで，対象とする空間の快適さのレベルを数値化するものである。

この手法を用いて，河川周辺住民が大正川に対して抱いているイメージを定量化することを試みた。この結果を図-4.9に示す。

評価が高いのは「水の流れを感じる」，「散歩道が多い」，「静かである」，「気軽に行ける」の項目である。一方，水とのふれ合いに関する行為に関しては評価が低い（「水に触れたくなる」，「川に入りたくなる」，「泳ぎたくなる」の項目）。さらに，「川底がきたない」，「ごみが多い」，「水がきたない」といった評価も顕著に見られる。

このことから，大正川は気軽に行ける自然空間として地域住民に認識されており，人々がリフレッシュするような空間として評価されているものの，水環境空

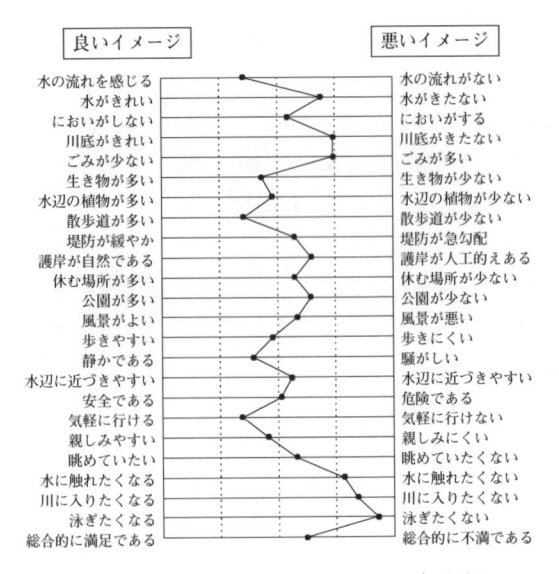

図-4.9　SD法による河川に対するイメージの解析

間としての評価は高くなく(水のきれいさ,ごみの多さ,川底のきれいさなどの評価が低い),唯一,水の流れを感じることが水環境空間としての評価としてプラスの評価をしている.

大正川では,水のきれいさ,ごみの多さ,川底のきれいさなどの環境要素を改善することがイメージを良くすることにつながると考えられる.

4.3.6 河川に対する意識の形成要因解析

河川に対する意識の形成要因を明らかにするため,行動および属性との相互関係を調べる数量化Ⅱ類とクロス集計を用いて解析を行った.

(1) 数量化Ⅱ類による解析

目的要因に対する,各カテゴリーの相関性を知るために,相関分析を行い,さらに相関係数の有意性の検定を行った.その結果,有意水準1%では276項目,5%では57項目が得られた.これらについて目的要因に対する1つのカテゴリーごとに,他のカテゴリー変数により制御した場合の偏相関係数を求め,有意性の検定を行った.これにより,数量化Ⅱ類に用いる説明要因であるカテゴリーを

「水のきれいさ」
「川底のきれいさ」
「ごみの多さ」
「生き物の多さ」
「親しみやすさ」
「眺め」
「関心の有無」
「見る機会」
「行く機会」
「年齢」
「総合的満足度」

の11項目とした.

数量化Ⅱ類を用いた判別分析の計算の結果,目的要因に対する各カテゴリーの中で,各アイテムの目的要因に対する影響度を知ることができた.各目的要因に

対するカテゴリースコア分布を図-4.10～4.15に示す。ここで，レンジとは，各アイテムのカテゴリースコアの最大値と最小値の差であり，レンジが高いほど判別に影響を及ぼしているとみなされる。

a. 水のきれいさに対す評価

「川底がややきれい」のカテゴリースコアが0.724であり，また「川底がややきたない」のカテゴリースコアは−0.128，「川底がきたない」のカテゴリースコアは−1.217となった。これより，川底のきれいさが水のきれいさに大きく影響している。

b. ごみの多さに対する評価

「川底がきれい」のカテゴリースコアが0.538であり，また「川底がきたない」のカテゴリースコアは−0.449となった。「ごみの多さ」と「川底のきれいさ」には相関があることがわかる。

大正川にはごみが多く落ちており，そのことが川底がきたないというイメージに影響している。

c. 生き物の多さに対する評価

「植物が多い」のカテゴリースコアが0.501であり，また「植物が少ない」のカテゴリースコアは−0.438となった。「生物の多さ」と「植物の多さ」には相関があることがわかる。また，「水がきれい」のカテゴリースコアが0.409であり，また「水がきたない」のカテゴリースコアは−0.734となった。

これより「生物の多さ」と「水のきれいさ」には相関があることがわかる。

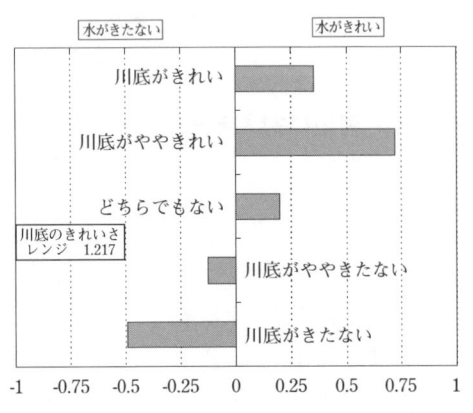

図-4.10 水のきれいさに対するカテゴリースコア分布

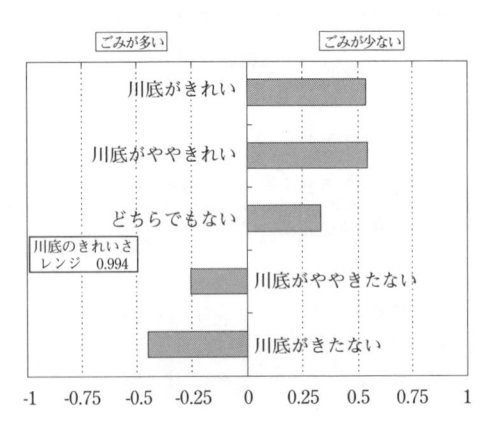

図-4.11 ごみの多さに対するカテゴリースコア分布

4.3 都市内河川に対する市民の評価

d. 関心の有無に対する評価

年齢カテゴリーのカテゴリースコアは，10代（−0.493），20代（−0.410），30代（−0.184），40代（0.001），50代（0.603），60代（0.337），70代以上（0.152）となっている。10代から30代の比較的若い年齢層の人は，あまり関心を持っていないことがわかる。逆に，50代から上の年輩の人は，関心を持っていることがわかる。

また，見る機会のカテゴリースコアは，ほとんど毎日（0.555），ほとんどない（−0.810）となっている。これより，「関心の有無」と「見る機会」には相関があるといえる。

e. 行く機会に対する評価

年齢カテゴリーのカテゴリースコアは，10代（−0.005），20代（−0.519），30代（−0.426），40代（0.078），50代（0.556），60代（0.486），70代以上（0.060）となっている。20代から30代の比較的若い年齢層の人は，あまり利用していないことがわかる。逆に，50代から60代の年輩の人は，よく利用していることがわかる。

これより，大正川は年輩の人たちに利用されており，今後整備を行う際にはスロープの設置など，

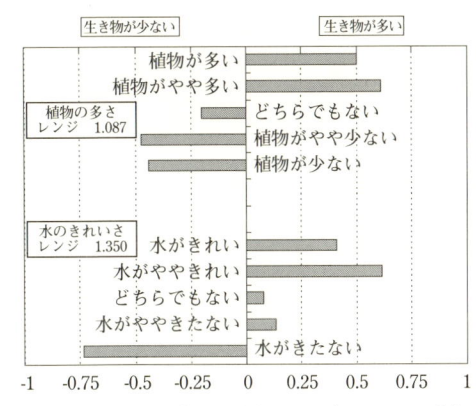

図-4.12 生き物の多さに対するカテゴリースコア分布

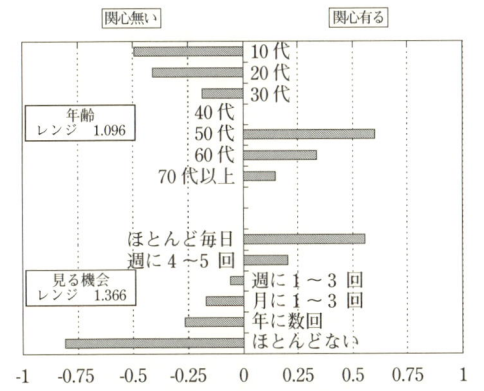

図-4.13 関心の有無に対するカテゴリースコア分布

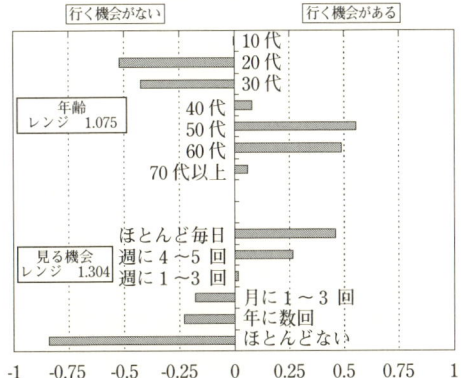

図-4.14 行く機会に対するカテゴリースコア分布

第4章 市街地にある河川の環境空間としての市民の評価

高齢者に配慮した整備をする必要がある。また、若い年齢層の利用を促進させる河川環境整備を考える必要がある。

f. 親しみに対する評価

歩きやすさのカテゴリースコアは、歩きやすい(0.490)、やや歩きやすい(0.571)、どちらでもない(−0.289)、やや歩きにくい(−0.338)、歩きにくい(−0.400)となっている。歩きやすいほど親しみがわくことがわかる。よって、散歩道の整備などの快適性を与える整備を行うことによって、河川への親しみがわくと考える。

次に近づきやすさのカテゴリースコアは、水辺に近づきやすい(0.449)、水辺にやや近づきやすい(0.631)、どちらでもない(−0.052)、水辺にやや近づきにくい(−0.273)、水辺に近づきにくい(−0.603)となっている。

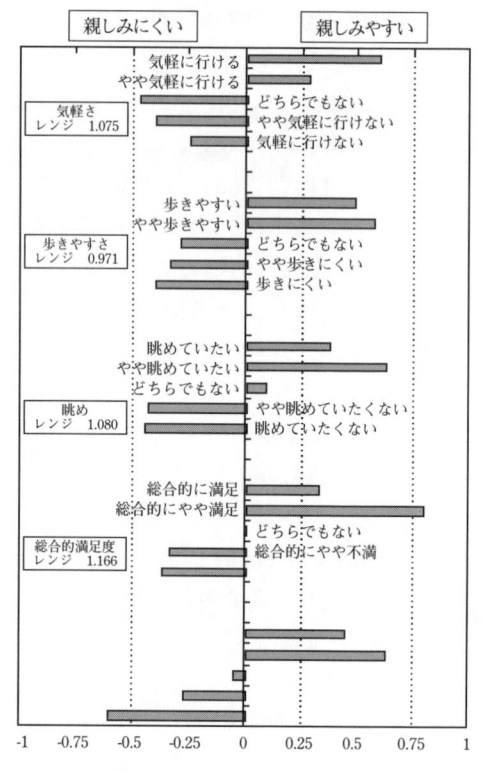

図-4.15 親しみやすさに対するカテゴリースコア分布

これより、水辺に近づきやすいほど親しみがわくことがわかる。よって、親水空間のような水辺に近づきやすくすれば、河川への親しみがわくと考えられる。

(2) クロス集計による解析

「水のきれいさ」、「河川への関心の有無」と有意水準1％で相関があったものの中で、クロス集計より顕著な傾向が得られたものについて以下に説明する。

a. 水のきれいさ

① 水のきれいさと川底のきれいさ：「川底がきれい」と感じている人の80％が「水がきれい」、「水がややきれい」と感じている。逆に「川底がきたない」と感じている人のうち、「水がきれい」、「水がややきれい」と感じている人はわ

4.3 都市内河川に対する市民の評価

ずか1％で、川底のきれいさの評価と水のきれいさの評価は関係があることがわかる（**図-4.16**）。

また、「ごみが少ない」と感じている人の40％が「川底がきれい」と感じており、逆に「ごみが多い」と感じている人のうち、「川底がきれい」と感じている人は、わずか1％である（**図-4.17**）。

これは、大正川は水深が浅く、川底が見えるため、川底にあるごみや堆積物、藻がすぐに目についてしまい、そのことが「川底のきれいさ」と「ごみの多さ」の関係に影響していると考えられる。

これらのことから、「ごみの多さ」と「川底のきれいさ」が「水のきれいさ」に大きく影響していると考えられる。よって、ごみを減らし、川底をきれいにすることができれば、水のきれいさに対するイメージは大幅に改善されると思われる。

② 水のきれいさと生き物の多さ：「生き物が多い」と感じている人のうち、46％の人が「水がきれい」、「ややきれい」

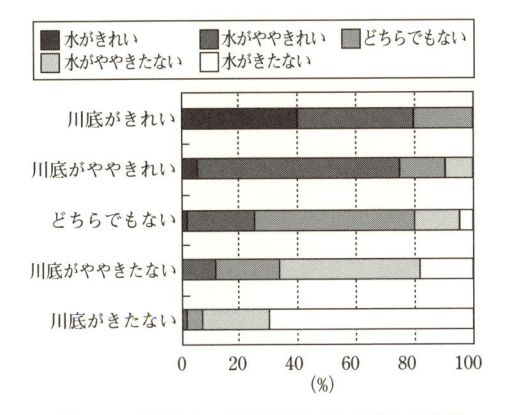

図-4.16 水のきれいさと川底のきれいさとの関係

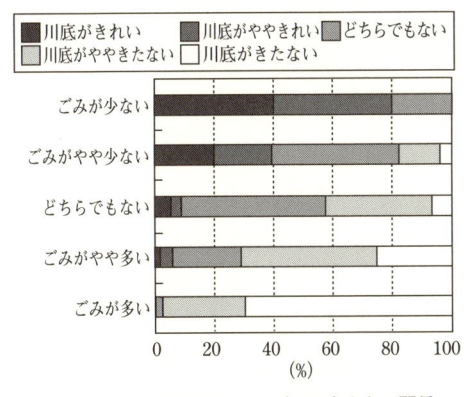

図-4.17 川底のきれいさとごみの多さとの関係

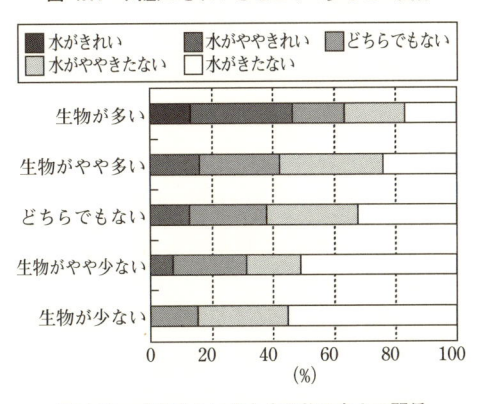

図-4.18 水のきれいさと生き物の多さの関係

第4章 市街地にある河川の環境空間としての市民の評価

と感じているが,「生き物が少ない」と感じている人のうち,「水がきれい」,「ややきれい」と感じている人はいない(**図-4.18**)。これは,生き物が棲んでいる所はまだ水がきれいという,感覚的な要因が影響していると考える。カルガモなどの水鳥や,コイ,フナなどの魚類などの生き物を見て,生息を確認することにより水のきれいさを感じている。

b. 河川への関心の有無

① 関心の有無と年齢:年代が高くなるにつれて関心度が高くなっている。50代では86％の人が関心を持っているのに対し,10代では21％の人しか関心を持っていない(**図-4.19**)。

また,「年齢」と「行く機会」との関係からわかるように,60代では85％の人が河川を利用しているのに対し,20代では35％の人しか利用しておらず,高年齢になるほど利用回数が多い(**図-4.20**)。これらより,「関心の有無」に対しては年代別の川の利用状況・頻度が違うことが影響している。

② 関心の有無と行く機会:利用している人のうち,68〜94％の人が関心を持っているのに対し,利用していない人では39％の人しか関心を持っていない(**図-4.21**)。関心の有無は,川の利用回数に大きく影響されている。

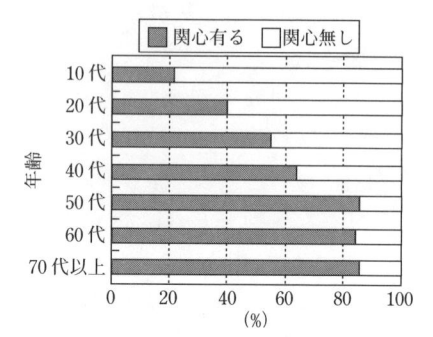

図-4.19 関心の有無と年齢の関係

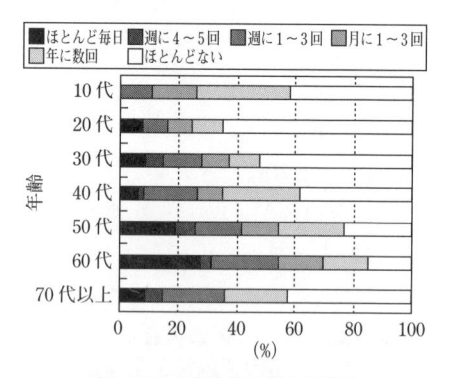

図-4.20 年齢と行く機会の関係

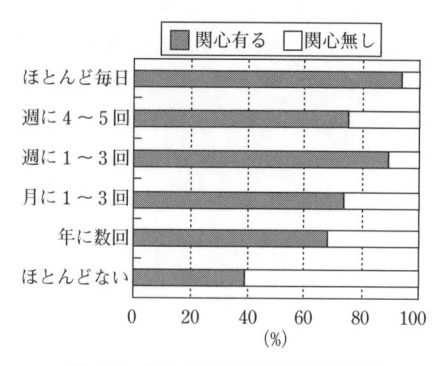

図-4.21 関心の有無と行く機会の関係

以上のことから河川のごみを減らし，川底をきれいにするとともに，生き物が生息できる環境を創造することにより，水のきれいさに対する評価が高まり，河川への関心が高まると考えられる。また，河川の利用頻度を高めるために親水空間の整備や幅広い年齢層が参加できるようなイベントを行い，河川への関心を持ってもらうことが必要である。そうすることで，地域と密着した河川環境の創造が可能になるであろう。

4.4 河川空間の状況による河川に対する評価の違い

4.4.1 各ゾーンでの評価

SD法を用いたイメージをゾーンごとに図-4.22に示す。これより，河川空間の状況と河川に対する評価の違いに関して以下のことがわかった。

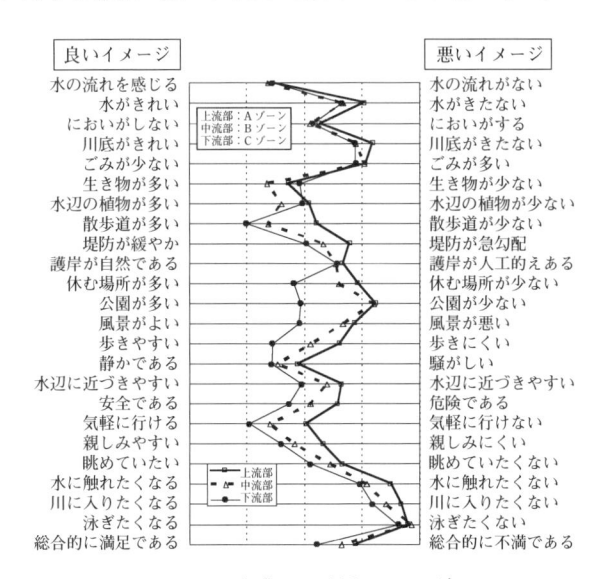

図-4.22　各ゾーンに対するイメージ

(1) Aゾーン（上流部）での評価

Aゾーンは，Bゾーン，Cゾーンと比較してすべての項目において良いイメー

ジは持たれていない。人の視覚的評価の項目では，特に「散歩道が多い」，「川底がきれい」，「水がきれい」の評価がBゾーン，Cゾーンと比べて低い。
　また，人の感覚的評価の項目では，「水辺に近づきやすい」，「親しみやすい」，「眺めていたい」，「水に触れたくなる」などの項目すべてにおいてBゾーン，Cゾーンより評価は低くなっている。

(2) Bゾーン（中流部）での評価

　Bゾーンには，マガモ，カルガモ，コサギなど多種多様な生物が生息しており，「生物が多い」，「護岸が自然である」の評価がAゾーン，Cゾーンと比較して高い。
　一方で，BゾーンにはCゾーンとほぼ同じタイプの散歩道が整備されているが，Cゾーンにある親水空間や公園が整備されていないため，「休む場所が多い」，「公園が多い」，「歩きやすい」，「水辺に近づきやすい」の評価がCゾーンと比較して低い。また総合的にもCゾーンと比較すると高い評価を得ていない。

(3) Cゾーン（下流部）での評価

　Cゾーンでは，「休む場所が多い」，「公園が多い」，「歩きやすい」，「水辺に近づきやすい」，「散歩道が多い」の評価がAゾーン，Bゾーンと比較して高い。これは，昨年，平和公園横の大正川と境川の合流地点の護岸が親水空間として人工的に整備されたことへの評価であると考える。
　「風景がよい」，「水辺に近づきやすい」，「親しみやすい」，「眺めていたい」，「水に触れたくなる」などのCゾーンへの評価もAゾーン，Bゾーンと比較して高く，総合的にもCゾーンが最も満足している。
　一方で，「水辺の植物が多い」，「護岸が自然である」の評価がAゾーン，Bゾーンと比べて低い。これは親水空間が人工的に整備されたことへのマイナス面の評価である。

　以上のことから親水空間を整備することにより，河川への総合的な満足度は高まるが，一方で「水辺の植物が多い」，「護岸が自然的である」などの自然的なイメージも損なわれることが明らかとなった。したがって，自然をできるだけ残しつつ，親水空間などの整備行うことができれば住民の河川に対する評価は高くなる。

4.4 河川空間の状況による河川に対する評価の違い

4.4.2 関心度および利用頻度・利用目的

(1) 関心度（図-4.23）

大正川へ関心がある人は，Aゾーンで47％，Bゾーンで66％，Cゾーンで66％であった。Aゾーンは，Bゾーン，Cゾーンと比べても関心のある人が少ない。これは，Aゾーンは散歩道が整備されておらず，護岸もコンクリート三面張りで水辺に近づけない状態あるためと考える。

また，Bゾーン，Cゾーンでの大正川への関心がある人が多いのは，散歩道や親水空間として整備された公園があることが影響していると考える。

このことから，人々の河川への関心の有無は，川に接することができるか，できないかに大きく影響していると考えられる。よって，川に接することができるような整備を行うことにより河川に対して関心を持つようになる。

(2) 利用頻度（図-4.24，25）

見る頻度，行く頻度ともにCゾーンに行くほど高くなっている。このことからも，親水空間や散歩道などの整備が行われるほど，利用頻度が高くなる傾向が見られた。

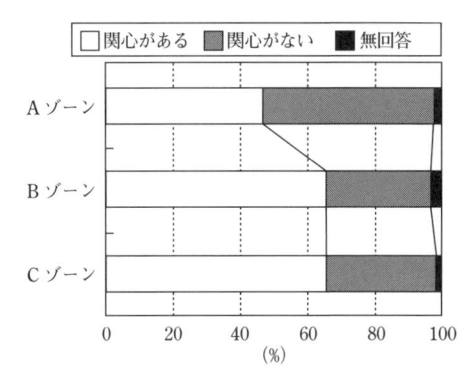

図-4.23 大正川への関心の有無

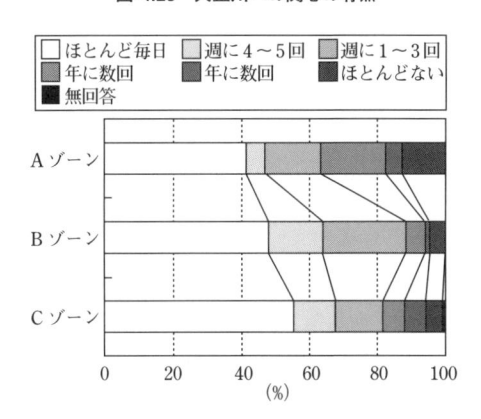

図-4.24 大正川を見る頻度

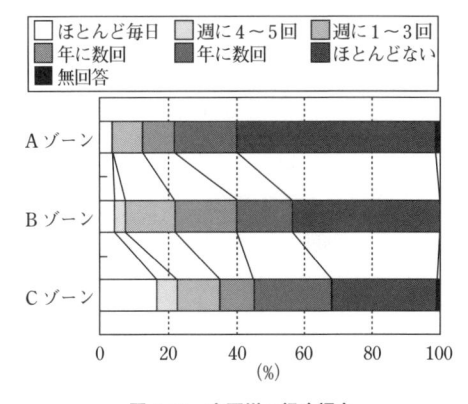

図-4.25 大正川へ行く頻度

第4章 市街地にある河川の環境空間としての市民の評価

(3) 利用目的（図-4.26）

Aゾーン，Bゾーン，Cゾーンともに「風景を楽しむ」が最も多くなっている。次いで「その他(犬の散歩)」，「生物を観測する」，「スポーツをする」，「水とふれ合う」がどのゾーンにおいても多くなっている。

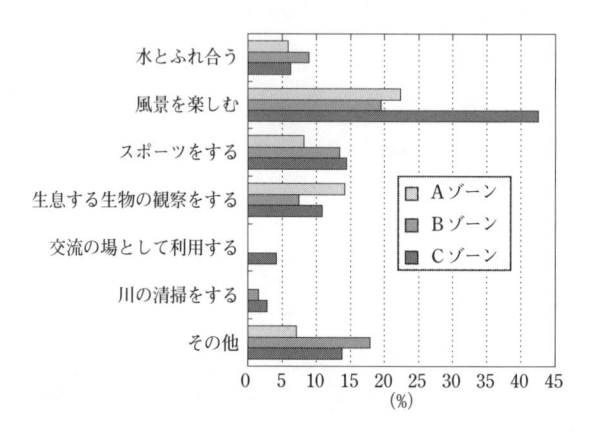

図-4.26 大正川に行く目的

このことより親水空間が整備されたCゾーンが他のゾーンよりも利用頻度が高く，利用目的の「風景を楽しむ」が他のゾーンよりもかなり多くなっている。このことから，親水空間などの整備を進め，より，河川に接することが可能となり，河川に関心を持つ人が増え，利用頻度も高くなるといえる。

4.4.3 魅 力

各ゾーンの魅力をたずねた結果を図-4.27に示す。

(1) Aゾーンでの評価

Aゾーンでは，「生物がいる」ことに対して最も魅力を感じている人(46％)が最も多い。しかし，回答者の28％は「魅力は何も感じない」と回答しており，これはBゾーン，Cゾーンで魅力は何も感じないと感じている割合(Bゾーン：19％，Cゾーン：14％)と比較しても多い。

4.4 河川空間の状況による河川に対する評価の違い

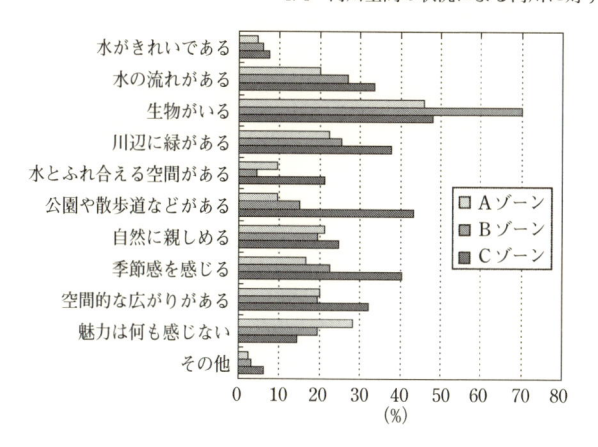

図-4.27 現在の大正川の魅力

(2) Bゾーンでの評価

Bゾーンでも，「生物がいる」ことに対して最も魅力を感じている人(70%)が最も多く，これはAゾーン，Cゾーンで生物がいることに魅力を感じている割合(Aゾーン：46%，Cゾーン：48%)と比較しても高い。次いで，「水の流れがある(27%)」，「川辺に緑がある(25%)」に対して魅力を感じている。

(3) Cゾーンでの評価

Cゾーンでは，「生物がいる(48%)」，「公園や散歩道が整備されている(43%)」ことに対して最も魅力を感じている人が最も多い。平和公園横の大正川と境川の合流地点の護岸が親水空間として整備された公園がCゾーンの魅力となっている。

また，「季節感を感じる(40%)」，「空間的な広がりがある(32%)」，「川辺に緑がある(38%)」ことへ魅力を感じる人の割合がAゾーン，Bゾーンと比較して10%以上高いが，これも親水空間があることにより感じる魅力と考える。

以上より，河川環境の整備状況により，同じ河川でも河川に対する魅力が異なることがわかる。Bゾーン，Cゾーンのように河川に近づくことができると，「季節感を感じる」といったような情緒を住民に与えることができる。

4.4.4 利用しない理由

Aゾーン，Bゾーン，Cゾーンとも，「大正川に行く目的がない」が最も多い。しかし，Cゾーンの行かない理由は個人的要因が高く，「危ないから」，「水がきたないから」，「公園や散歩道などのレクリエーション施設が整っていないから」などの川に関する要因がAゾーン，Bゾーンと比較して少ない。このことから河川環境の整備が行われることにより，不満点は減少していることがわかる。

よって，河川の利用頻度を高めるためには，行く目的となるもの，例えば散歩道や親水空間などのレクリエーション施設をつくる必要がある。

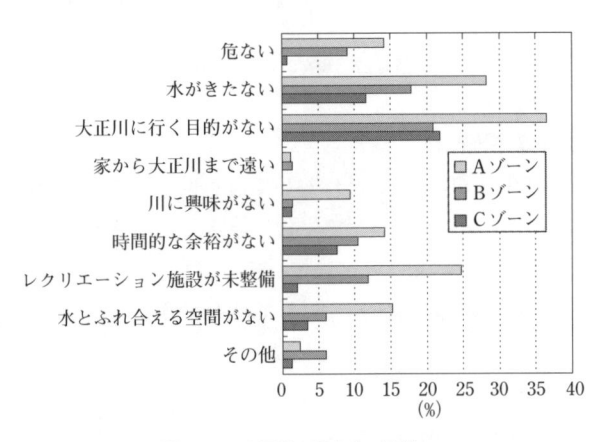

図-4.28 大正川に行かない理由

4.4.5 河川への要望

河川改修事業が行われるとした時の改善して欲しい点の評価をAゾーン，Bゾーン，Cゾーンで比較したものを図-4.29に示す。流域住民は水がきれいで，生物が生息できるような川を理想としている。また，親水空間などの水とふれ合う空間が求められている。

a. Aゾーンでの評価

Aゾーンでは，「水をきれいにする」に次いで，「緑豊かな水辺にする(65％)」，「河原の公園や散歩道を整備する(65％)」，「水とふれ合える空間を整備すること

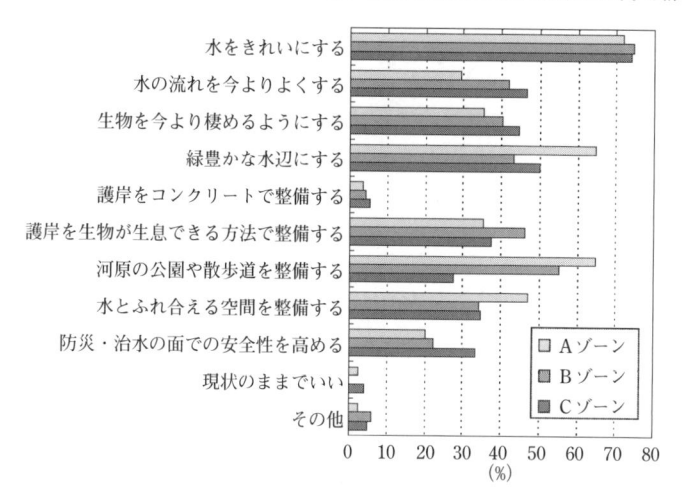

4.4 河川空間の状況による河川に対する評価の違い

図-4.29 改善して欲しい点

(47%)」への要望が強い．これはAゾーンにおいて河原の散歩道が整備されておらず，水辺に近づけないことが影響していると考えられる．

b．Bゾーンでの評価

Bゾーンでも，「水をきれいにする」ことに次いで，「河原の公園や散歩道を整備する(55%)」，「護岸を生物が生息できる方法で整備する(46%)」，「緑豊かな水辺にする(43%)」，「水の流れをよくする(42%)」ことへの要望が強い．ここでは，散歩道が整備されているのにもかかわらず「河原の公園や散歩道を整備する(55%)」と回答者が多く，質の高い整備が求められている．

c．Cゾーンでの評価

Cゾーン下流部では，「水をきれいにする」に次いで，「緑豊かな水辺にする(50%)」，「水の流れをよくする(47%)」，「生物を今より棲めるようにする(45%)」ことへの要望が強い．

また，「河原の公園や散歩道を整備する」ことへの要望はAゾーン，Bゾーンと比較して低い．

以上のことから，どのゾーンでも水をきれいにすることが最も求められており，河川環境改善には水質改善が必要不可欠であるといえる．

第4章 市街地にある河川の環境空間としての市民の評価

4.4.6 実際の水質とイメージの評価

これまでの結果より，河川流域住民は水のきれいさに対する評価は低く，前項で述べたように改善して欲しい点でも，「水をきれいにする」の回答者が最も多かった。そこで，実際の水質と住民の持つ水のきれいさのイメージを比較検討してみた。

河川の水質評価はBOD濃度で行われるので，ここではBOD濃度に着目して評価する。まず，ゾーンごとに行ったSD法の水のきれいさについて点数付けを行った。点数付けの方法としては，「感じる」を1点とし，「感じない」を5点とする5段階で点数付けし，その平均点をそのゾーンの得点とした。なおこの点数に重みはなく，各ゾーン間の大小関係を明らかにするためのものである。

実際の水質と住民の持つ水のきれいさのイメージを比較した結果を図-4.30に示す。イメージの大小関係と実際の水質の大小関係が異なっている。人が持つ水へのきれいさのイメージは，水質指標の数値とは必ずしも一致しないことがあるといえる。

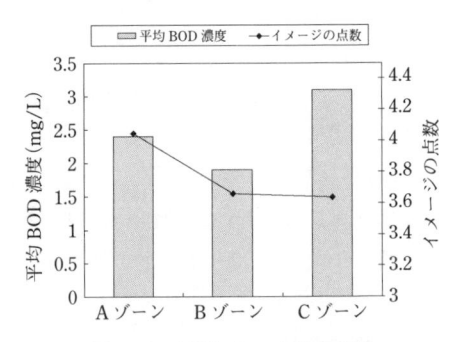

図-4.30 水質とイメージとの比較

市民の判断する「水のきれいさ」に影響を与えていたのは，「川底のきれいさ」や「ごみの多さ」といった視覚的要素であったことから，市民の水のきれいさに対するイメージを向上させるには，水質改善を行うとともに，水のきれいさを演出するような川底の浄化やごみ除去といった施策も重要である。

4.4.7 ゾーンの特徴と市民の意識の関係

河川環境の整備状況が異なるゾーンごとにアンケート調査結果を解析し，河川の整備状況が市民の意識にどのように関与しているのかを解析してみた。得られた要点は，以下のとおりである。

① 空間を整備することにより，河川への総合的な評価が高まるが，一方で，

「水辺の植物が多い」,「護岸が自然的である」などの自然的なイメージも損なわれる。したがって,自然をできるだけ残しつつ,親水空間などの整備を行うことができれば住民の河川に対する評価は高くなる。
② 川に接することができる場所があることにより,住民の河川への関心が高まり頻度も多くなることが明らかとなった。また,その利用目的としては,散歩などの「風景を楽しむ」が多く,住民はレクリエーションや憩い,安らぎの場として都市河川を利用していることが明らかとなった。このことから,河川に行く目的となるもの,例えば,散歩道や親水空間などの景観に配慮した整備を進めることにより河川に接することが可能となり,河川に関心を持つ人が増え,利用頻度も高くなる。
③ 河川の整備状況に関係なく水をきれいにすることが最も求められている。
　また,実際の水質と人の感覚とは相違がある傾向があり,ハード面での水質改善とともにソフト面である「川底のきれいさ」,「ごみの多さ」などの感覚的要素を改善することが必要不可欠である。

4.5　市民の欲している情報と提供手段

　快適な水辺環境を保全・創出していくためには,行政サイドのみの取組みでは限界があり,住民一人ひとりの理解と協力および主体的な行動が求められていく。このためには,的確でわかりやすいかつ住民が知りたい情報を提供し,住民の理解と認識を深め,主体的な取組みや促進をする必要がある。そこで,どのような内容の情報(ここでは,河川改修事業に関する情報)をどのような手段で提供されることを望んでいるか検討した。

4.5.1　望まれる情報

(1) 大正川について知りたい情報（図-4.31）
　大正川について知りたい情報としては,「河川水質と汚染対策」と回答した住民の割合が58％と最も多い。住民がいかに大正川の水質に関心を持っているかがわかる。次に「河川の美化(44％)」が2番目に多かった。これは,アンケート調査

第4章 市街地にある河川の環境空間としての市民の評価

実施中に「水がきたない」と，もう一つ「ごみが多い」という意見が多かったことから，河川を美しくするためにはどのような方法があるのかを住民が知りたがっていることがわかる。

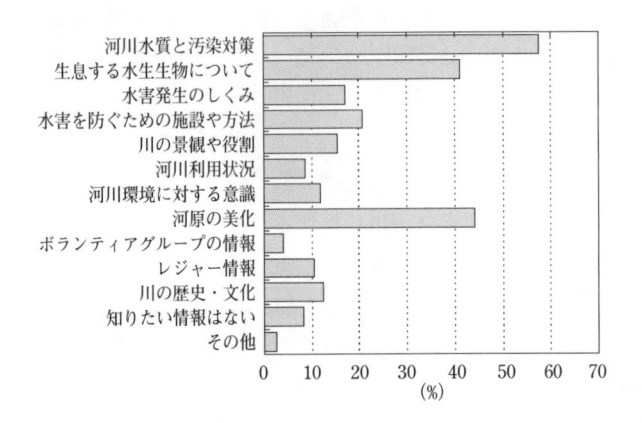

図-4.31 大正川について知りたい情報

また，現在の大正川の魅力でも回答者が最も多かったように，生息する生物に関する情報も望まれており，もっとこれらの生息する生物に関する情報，例えば生息する魚類や水の名前などのくわしい情報が求められている。

(2) 河川改修事業の際知りたい情報（図-4.32）

河川改修事業を実施していく際に知りたい情報としては，「河川改修事業の効果予測(47%)」，「工事の際の住民への配慮について(43%)」が最も多い。河川管理者は，改修事業を行うと河川環境が一体どのように改善されるのかという具体的な効果予測を市民に対して提供していく必要がある。

次に知りたい情報として多くの住民があげたのが，「河川改修事業の必要性(34%)」である。何のため，どのような目的でその改修事業を行うのかを明確に住民に対して伝えていくことが望まれているのである。

その一方で，「河川改修事業のための予算」については15%と少なくなっている。改修事業にどのくらいの費用がかかっているのかということに関しては，あまり関心がない。

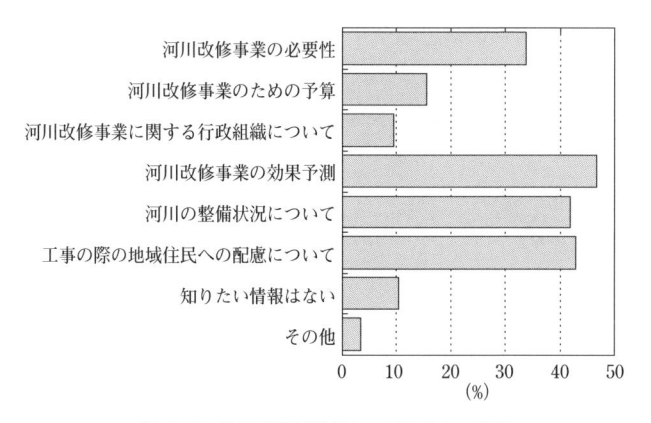

4.5 市民の欲している情報と提供手段

図-4.32 改善事業実施において知りたい情報

4.5.2 情報提供の方法

情報提供の手段の評価を**図-4.33**に示す。パソコンが普及し，インターネットによる情報提供が盛んに行われているが，まだなじみが薄く，「広報(69％)」や「回覧板(46％)」などの情報手段の回答率が高い。これは，高齢者や主婦など電気機器を苦手としている人が多いためこのことから，広報や回覧板の回答率が高くなったと考えられる。

しかし，パソコンの普及は著しく，将来的には普及率の向上が予想され，イン

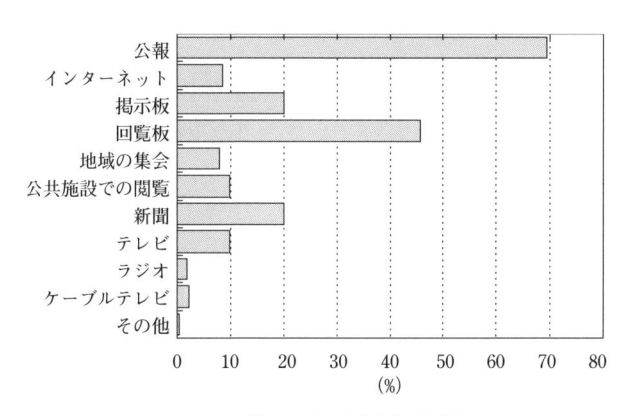

図-4.33 望まれている情報提供手段

第4章 市街地にある河川の環境空間としての市民の評価

ターネットによる情報提供は，ユーザーが知りたい時に知りたい情報を気軽に得ることのできるという今までにない大きな利点がある。このため現段階では，評価が低いものの今後もさらに進めるべき情報手段である。

4.6 ま と め

　ここでは，市街地内流下河川の流域住民を対象に，河川のイメージや利用法，改善して欲しい点，改修事業が行われるとした時の情報提供のあり方などについての意識を探り，今後の市街地内流下河川への期待と求められている河川像を明らかにした。主な論点は，以下のとおりである。
① 　大正川の魅力としては，自然的な要素が多く，緑豊かな自然空間として認識されている。しかし「水がきれいである」ことに魅力を感じている人は少なく，きたない川として認識されている。
② 　大正川はレクリエーションの場として利用されていることが明らかになったが，非利用の理由としてレクリエーション施設の未整備が利用されにくい理由としてあげられていることから，利用目的に合った整備が不十分であると市民は判断している。
③ 　親しみやすさの判別分析の結果，歩きやすいほど親しみがわくことが明らかとなった。また，水辺に近づきやすいほど親しみがわくことも明らかになった。よって，散歩道を整備し，河川に親水空間を整備すれば住民の河川への評価を高めることができる。
④ 　大正川は気軽に行ける自然空間として流域住民に認識されているが，水のきれいさ，ごみの多さ，川底のきれいさなどの視覚的要因の評価が低いため，総合的に良い評価を受けていない。また，判別分析の結果より「水のきれいさ」は「川底のきれいさ」と「ごみの多さ」に大きく影響していることが明らかとなった。よって水のきれいさ，ごみの多さ，川底のきれいさなどの視覚的要因を改善することによって流域住民の河川に対する評価は高くなる。
⑤ 　改善して欲しい点では，水をきれいにすることに対する要望が一番高く，水質の改善が最も求めている。
⑥ 　大正川について知りたい情報として，「河川水質と汚染対策」が最も高く，

住民がいかに大正川の水質に関心を持っているかがわかる。また，現在の大正川の魅力でも回答率が最も高かったように生息する生物に大変関心があり，より多くのこれら生息する生物に関する情報，例えば生息する魚類や水鳥の名前などのくわしい情報が求められている。

⑦　河川改修事業の際に知りたい情報としては，「河川改修事業のための予算」などよりも，「河川改修事業の効果予測」や「工事の際の住民への配慮」，「河川改修事業の必要性」の評価が高く，どのような目的で改修事業を行い，その改修事業を行うと河川環境がどのように改善されるのかに住民の要望の焦点がある。

⑧　情報提供の方法としては，パソコンが普及し始めているにもかかわらず，「広報」や「回覧板」が非常に高い評価を得ており，生活になじんでいる方法による情報提供が求められていることが明らかとなった。しかし，インターネットによる情報提供などは，今後を見据えてさらに進めていく必要がある。

参考文献

[1] 土木学会環境システム委員会：環境システム—その理念と基礎手法，pp.65-66，共立出版，1998。
[2] 足立敏之：転換期の水政策河川法の改正と今後の河川環境の保全と整備，水資源・環境研究，Vol.10，pp.45-51，1997。
[3] 畔柳昭雄，渡邊秀俊，磯部久貴：都市河川の変遷から見た人と水との係わりに関する研究，第10回環境情報科学論文集，pp.117-121，1996。

第5章　市民の求める河川水辺環境の整備

　前章で対象とした大正川は，市街地における貴重なオープンスペースであり，人々が望むような"やすらぎ"や"豊かさ"をもたらすことのできる緑空間や水辺空間を提供できるポテンシャルを持った河川である。

　しかし，現状での大正川の持つ環境空間は決して良好とはいえない。河川周辺にレクリエーションや軽い運動ができるようなオープンスペースがないために利用されているような状況にあり，水質が良好でないため水と直接ふれ合うような用途では利用されていない。周辺住民は高水敷を散歩したり，ジョギングしたり，落差工上流に形成されたみで釣りをしている程度である。

　このように環境空間としてのポテンシャルがあり，住民のニーズもあるものの，それを満足させる環境が整っていない大正川をどのように整備していけば人々に満足度の高い生活を提供できるようになるのかを検討した。

5.1　住民意識調査をもとにした大正川改善方法の検討

住民意識調査結果より大正川の改善すべき点を挙げると，次のとおりとなる。
- 水をきれいにすること，
- ごみを減らし，川底をきれいにすること，
- 訪れることが楽しみとなる水辺をつくること，
- 生物が今より棲めるようにすること，
- 緑豊かな水辺にすること，

これらを改善点としてあげた理由は，次のものである。
a. 水をきれいにすること
① 現在の大正川の魅力として「水がきれいである」の回答者が最も少なく，改

善して欲しい点で「水をきれいにする(74％)」の回答者が最も多かったこと。
② 「河川水質と汚染対策」が住民の知りたい情報として最も多く，住民の関心は河川水質と汚染対策にあったこと。
③ 大正川の非利用理由として「水がきたない」が多くあげられていたこと。
④ 住民は水がきたないというイメージを大正川に対して持っていること。

b. ごみを減らし，川底をきれいにすること
① 「川底のきれいさ」が「水のきれいさ」に最も影響していたこと。そのため，水のきれいさに関する評価を高めるには，水質そのものをよくするだけでなく，川底もきれいにして水をきれいに見せていくような感覚に訴える改善が必要であること。
② 「川底のきれいさ」は「ごみの多さ」に大きく影響されていることから，ごみを清掃し，川底をきれいにする必要があること。

c. 訪れることが楽しみとなる水辺をつくること
① 改善して欲しい点で，「河川の公園や散歩道を整備する(44％)」，「水とふれ合える空間を整備する(39％)」の回答者が多いこと。
② 親水空間と散歩道が整備されているCゾーンでは，A，Bゾーンに比べ，総合的な評価が高くなっており，A，Bゾーンでもこのような施設を整備すれば，住民の評価が高まる可能性が高いこと。

d. 生物が今より棲めるようにすること
① 改善して欲しい点で，「生物を今より棲めるようにする(41％)」，「護岸を生物が生息できる工法で整備する(39％)」の回答者か多かったこと。
② 親水空間が整備されたCゾーンでは，特に「生物を今より棲めるようにする」の回答者が他のゾーンより多くなっており，できるだけ自然を残した整備が求められていることがわかる。

e. 緑豊かな水辺をつくる
① 改善して欲しい点で，「緑豊かな水辺にする(53％)」が「水をきれいにする」に次いで2番目に回答者が多かったこと。また，「護岸を生き物が生息できる工法で整備する(39％)」も回答者が多くなっており，コンクリートの無機質な護岸を自然と調和するようなものへと転換する整備が必要であること。
② 河川空間を緑の空間として意識している人が多かった。緑は人の心を潤わせ，やすらぎを与えるものであることから，市街地内に残る貴重な自然的空

5.1 住民意識調査をもとにした大正川改善方法の検討

間として河川空間を活用するために，緑豊かな水辺をつくることが必要であること。

そこで，これらの住民の要望を達成する方策として，
i 河川水直接浄化事業
ii 下水処理水還流事業
iii 近自然型の緑化・親水護岸整備事業

の3つの環境整備事業を検討し，これを住民がどのようにとらえるのかを調べることとした。

i．河川水直接浄化事業：河川水直接浄化とは，河川を流下している水を直接浄化することで河川水質を改善する浄化法であり，最も一般的なのが礫間浄化である。これは，河床や河川敷に礫(小石)を敷き並べて，礫に付着した微生物による生物ろ過を行い，浄化された水を川に戻すという方法である。自然の持つ自浄作用に頼る浄化法で，景観や生態系を保存・再生できるという特長を持つが，浄化効率が低く，水質が良くなるまでに時間がかかり，広大なスペースも必要となる。そこで，浄化効率を高めるために礫に空気を送って生物密度・活性を高める礫間接触酸化法を用いることとした。

計画処理水量は，現況河川流量の50％である約7 800 m^3/日と設定した。施設の設定については，処理水量が同等である石神井川の音無橋浄化施設[9]を参考にした。礫槽面積は46.7 m^2，ろ層厚は全体で1 000 mmとし，目標除去率は50％[10, 11]とした。運用は，取水ゲートの開閉，浄化施設の清掃および取水口のごみ除去とする。

ii．下水処理水還流事業：流域での不浸透率の上昇と下水道の整備によって平常時に河川を流れる水量が極端に減少し，河川の水辺空間が劣化して，住民にとって好ましい場所でなくなっていることが見られる。水質汚濁の進行とともに失われていった"水辺"を再び取り戻し，人々が集うアメニティ豊かな空間を形成するために行うのが下水処理水還流事業である。すなわち，都市の貴重な水資源であり，様々な水需要に応えることが期待されている処理水を枯渇しつつある都市内の中小河川に還流し，良好な水環境を復活させ，アメニティ空間を創出するというものである。この事業では，下水処理場での高度処理の実施，放流幹線の建設，還流するためのポンプの設置が必要になる。

第 5 章　市民の求める河川水辺環境の整備

　　対象とする大正川下流部にある下水処理場で高度に処理された水をポンプで上流部へ送って再び川へ戻し，十分な河川流量を確保して流れをつくり出すとともに，流下する間での曝気を促進して河川が本来持っている自然の浄化作用を高めることによる水質改善も期待できる。

　　還流用水質は，標準活性汚泥法に凝集剤添加循環式硝化脱窒法と急速ろ過を加えた処理法で高度処理された処理水（BOD濃度1 mg/L）[8] と設定した。還流用管渠および還流用ポンプ施設を新たに建設し，河川下流に位置する既存の処理場で還流用の水を処理する。還流距離は，一部既存の送水管を使用するとして新規敷設1 000 mと設定した。管渠径は既存の送水管と同様の300 mmとした。還流量は，現況河川流量の50％である約7 800 m³/日と設定した。また，ポンプ施設1，ポンプ数1とした。運用は高度処理，ポンプ運転とする。

ⅲ．近自然型の緑化・親水護岸整備事業：近自然型川づくりは，必要とされる治水上の安全性を確保しつつ，生物の良好な生息・生育環境をできるだけ改変しない，あるいは改変せざるを得ない場合でも最低限の改変にとどめるとともに，良好な河川環境の保全あるいは復元を目指した川づくりである。

大正川のような市街地にある河川での近自然型河川づくりの事例として横浜市栄区のいたち川での事業例がある。

横浜市では過去の河川改修によって平瀬化して貧相な環境となってしまったいたち川の自然を復元するため，1982年度（昭和57年度）から低水路整備による水辺の自然復元を開始し，現在までに約3 kmの再整備が完了している。いたち川を再生するにあたっては，平常時における水深を確保（河川改修される前の水深に復元）することと，水辺に植生を回復すること，そして，瀬や淵などの河床の微地形を復元することを狙っている。

いたち川での近自然型川づくりのポイントは，次のものである（リバーフロント整備センター資料より）。

- 以前の河川改修によって河道が拡幅され河床が平滑化し，平常時の水深が浅くなり，河川植生も喪失していたため，河川改修前の水面幅を基本に低水路を設けることにより改修前の水深と植生を復元する。
- 低水路の水際や河原をコンクリートや大きな切石などで固めない（近自然型川づくりは自然石による修景ではない）。植物を基本にした土の安定化に工

5.1 住民意識調査をもとにした大正川改善方法の検討

夫を凝らす。
- 木杭や捨石を使って早瀬や淵を造成する。
- 川の自然復元の真の担い手は川自身であることから，流水作用を活用して河道の微地形を多様化する。
- 魚や昆虫の生息場となる草むらの草刈りにも工夫する。水際に植栽した植物は刈り取りしないことを原則とし，水際の丈の低い植物はあえて刈らず，伸びすぎたものだけ根元から50 cm程度残して刈り取る。また，河原の草は根元から20 cm程度残して刈るようにし，丈が長く茎の堅いブタクサやセイタカアワダチソウは根元から刈る。

事業実施前後の環境状況を比較して**写真-5.1**に，事業実施後の河川断面を**図-**

(a) 再整備後。当初は低水路を掘削し，河原を造成。その後，河原の一部が洪水に流されるが，再度，自然の水辺の復元を試みる[1993年(平成5年)9月]

(b) 施工前。水深が浅く，植物も瀬も淵もない寂しい都市河川であった[1982年(昭和57年)5月]

写真-5.1

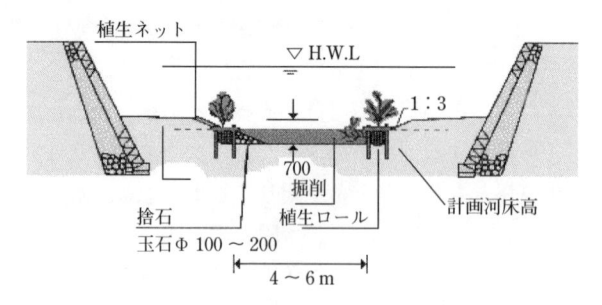

第5章　市民の求める河川水辺環境の整備

図-5.1　再整備後のいたち川の横断面

5.1に示す。

このような近自然型護岸工法を用いて大正川の護岸整備を行い，より多くの生物が生息できる環境を創出するとともに，親水性を向上させ，緑化を進めることを考えた。

護岸整備を行う範囲は，現在高水敷に散歩道が整備されている区間の約1 700 mの両岸とした。護岸の建設には，基礎工，木目枠工，ふとんかご工，巨石積工(練)，張り芝工[12]を用いた。運用は，堤防除草工を年1回行うと設定した。

各事業の内容と効果を表-5.1に示す。また，各事業のイメージ図を図-5.2に示す。

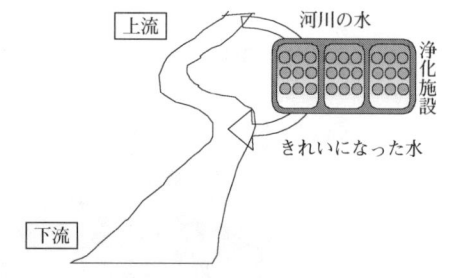

(a) 事業のイメージ図(直接浄化)

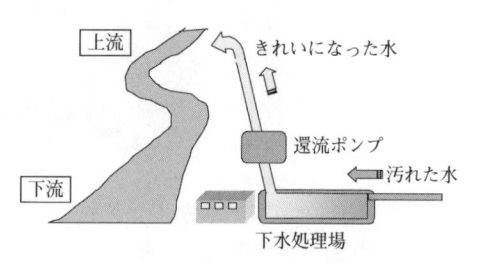

(b) 事業のイメージ図(処理水還流)

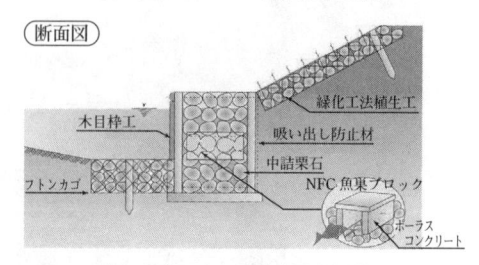

(c) 事業のイメージ図(護岸整備)
図-5.2
出典：株式会社ホクコンHPより
(http://www.hokukon.co.jp/infomation/97-Vol02.html)

表-5.1 各河川環境創造事業の内容と効果

住民の要望	設定方策	方策の内容と効果
水をきれいにする	直接浄化事業	浄化施設を河川上流部に設置し、岩や石の表面に自然に存在する有機物を分解する微生物(バクテリア)の浄化能力を利用し、人工的にその浄化作用を作り出し、河川水質を改善する。
水をきれいにする 水の流れをよくする	処理水還流事業	下流部にある下水処理場より、きれいになった水をポンプで上流へ運び、再び川へ戻す。そうすることで、水を増やし、水の流れを作り出すことができる。また、還流水質が河川水質を上回る場合においては、水質浄化も可能となる。
緑豊かな水辺にする 公園や散歩道を整備する	護岸整備事業	近自然型護岸工法を用いて護岸整備を行う。そうすることで、より多くの生物が生息できる環境を創出し、また親水性も向上する。

5.2 事業効果予測

各事業に対する住民の評価を得るためには、それぞれの事業によって創出される河川環境空間を住民に認識してもらう必要がある。そこで、まず、各事業の実施により創造される環境状況をシミュレーション解析により予測してみた。なお、対象河川の上流部付近では、幹線道路や鉄道があるため住宅がきわめて少ない区間がある。また、この区間では、河川沿いにフェンスが張られ、人が近づけない状態である。そのため、この区間を除いた河川下流端から上流へ3.7 kmの範囲を効果予測評価の対象区間とした。支川が上流端より1.9 kmの地点に流入している。

5.2.1 流量予測

(1) 予測方法

各地点の水深、流速は、不等流解析により算出した。不等流解析には直接逐次法と標準逐次法がある。標準逐次法は、計算区間の分割があらかじめ設定でき、計算断面の位置が固定であり、水位を求められることからここでは標準逐次法[11, 12]を用いた。考慮する損失は、摩擦損失、流入損失とした。逐次法の基礎式を式(1)に示す。また、基礎式の説明図[11]を図-5.3に示す。

第5章 市民の求める河川水辺環境の整備

$$\Delta x \cdot S_0 + y_1 + \alpha \frac{V_1^2}{2g} - h_{t1} =$$
$$\Delta x \cdot S_0 + y_2 + \alpha \frac{V_2^2}{2g} - h_{t2}$$

(1)

ここで,添字1,2:それぞれ断面A(上流)および断面B(下流)の量,Δx:上流断面から下流断面までの水路底長さ(m),S_0:水路底の勾配,y:水深(m),α:流速分布に関するエネルギー補正係数($=1.1$),V:流速(m^3/s),g:重力加速度($=9.8\ m/s^2$),h_t:損失水頭(m)。

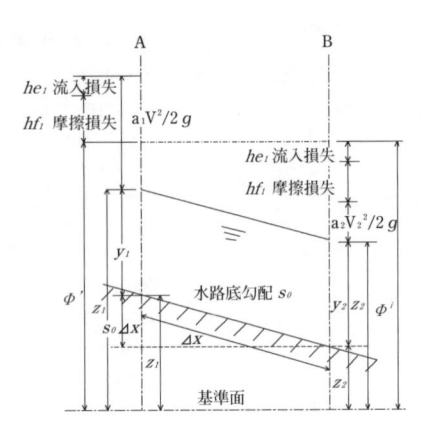

図-5.3 逐次法基本式の説明図

標準逐次計算法では,流れが常流で下流から上流に向かって計算される場合,次の手順が用いられる[12]。

① 式(2)において,添字2がつけられている水理量は,下流側断面での量であるので,下流端の境界条件または前回の計算結果より既知であるから,式(3)より下流側の断面の総水頭 ϕ を計算する。

$$H_1 = H_2 + \frac{\alpha}{2g}\left(\frac{Q_2^2}{A_2^2} - \frac{Q_1^2}{A_1^2}\right) + \frac{n^2}{2}\left(\frac{Q_1^2}{R_1^{4/3}A_1^2} - \frac{Q_1^2}{R_2^{4/3}A_2^2}\right) \cdot \Delta x \quad (2)$$

ここで,H_1:上流断面の水位。

$$\phi = H_2 + \frac{\alpha Q_2}{2gA_2^2} + \frac{n^2 Q_2^2 \Delta x}{2R_2^{4/3}A_2^2} \quad (3)$$

② 式(4)より上流側断面の流量 Q_1 を求める。

$$Q_1 = Q_2 - q\Delta x \quad (4)$$

ここで,q:横流入量。

③ 上流断面の水位 H_1(または水深 h_1)を仮定する。

④ 上流側断面の断面特性より水深 H_1 に対する断面積 A_1 および径深 R_1 を求め,
これより式(5)より上流側の断面の総水頭 ϕ を計算する。

$$\phi = H_1 + \frac{\alpha Q_1}{2gA_1^2} + \frac{n^2 Q_1^2 \Delta x}{2R_1^{4/3}A_1^2} \quad (5)$$

⑤ $\psi = \phi$ になるまで③の H_1 の仮定を繰り返す(trial and error)。総水頭が一致すれば次の断面の計算に移る。

⑥ ①〜⑤を所定の計算区間について繰り返す。

以上の方法により，全断面の計算を行い，各断面の水深 y(m)，流速 V(m/s)を算出する。なお，直接浄化事業，護岸整備事業については，流速は変化しないものとし，評価の際には，現況の流速の値を用いた。

(2) 予測結果

流速の予測結果を図-5.4に示す。

a. 還流事業の場合

還流水量は，流量 0.09 m³/s とした場合，各地点の流速が現状に比べ 13〜51％増加して，0.04〜0.12 m/s になる。流速が改善されるのは，主に上流端から流下距離 1 000〜2 000 m の区間であり，他の区間においては現状と比較してあまり大きな効果は見られない。

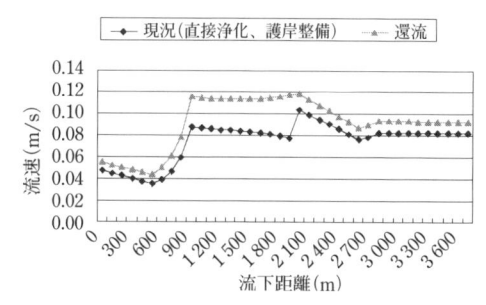

図-5.4 各事業の流速予測結果

b. 直接浄化事業の場合

直接浄化事業については，流速は変化しないものとし，事業実施後の流速は，現況の流速の値と設定したため，直接浄化事業の流速に関する改善効果はないものとする。

c. 護岸整備事業の場合

護岸整備事業については，流速は変化しないものとし，事業実施後の流速は，現況の流速の値と設定したため，護岸整備事業の流速に関する改善効果はないものとする。

5.2.2 水質予測

(1) 予測方法

ここでは水質流動予測モデル[13]を用い河川水質の予測を行った。水質流動モ

デルとは，移流，拡散による物質交換による予測モデルである。

湖沼を複数のボックスに区切った場合には，ボックス境界での物質交換量を定量化する必要があり，交換の要因としては(水のネットの出入りによる移動)，拡散混合，沈降，および遊泳などがあげられる。遊泳に関しては，魚類などを除き考慮することは少ない。ここでは，移流・拡散に加え，底泥の巻上げによる負荷量，自然浄化，支川からの流入負荷量を考慮した。以下に水質予測に用いた式(6)を示す。

$$\frac{dV_i \cdot C_i}{dt} = Q_{i-1, i} \cdot C_{i-1} - Q_{i, i+1} \cdot C_i + D \cdot \frac{A_{i-1, i}}{L_{i-1, i}}(C_{i-1} - C_i) - D \cdot \frac{A_{i, i+1}}{L_{i, i+1}}(C_i - C_{i+1}) \quad (6)$$

ここで，ボックス$i-1$：ボックスiの上流側のボックス，ボックス$i+1$：ボックスiの下流側のボックス，$Q_{i-1, i}$：ボックス$i-1$からiへの流量(L³/T)，V：ボックス体積(L³)，A：断面積(L²)，D：混合拡散係数(L²/T)，C_{i-1}, C_i, C_{i+1}：上下流ボックス濃度(M/L³)，J：流下方向長さ当りの巻上げ量(M/L・T)，K：浄化係数(1/T)。

拡散係数について，合田は台形水路で$D=0.25 \sim 0.40 \text{ m}^2/\text{s}$としており[14]，ここでは$D=0.25$とした。

浄化係数は実測値を用い式(7)より算出した。ここでは，$K=0.05$とした。

$$K = \log_e(L_1/L_2)/T \quad (7)$$

ここで，L_1：上流側断面を通過する負荷量(M/T)，L_2：下流側断面を通過する負荷量(M/T)，T：地点間を流下する時間(T)。

各ボックスでの巻上げによる負荷量について，高尾は，平常時には比較的水量が少ない汚水が流れている水路において，大流量が生じた時の河床汚濁物質の巻上げ量を表すモデルとして式(8)を示している[15]。

$$J = k \cdot Q^\alpha \cdot \delta^\beta \quad (8)$$
$$k = 1.0 \times 10^{-6} \quad \alpha = 1.5 \quad \beta = 1.0$$

ここで，J：流下方向長さ当りの巻上げ量(M/L・T)，δ：流下方向長さ当り(汚濁物)の現在量(M)，Q：流出水量(L³/T)，k, α, β：係数。

高尾による河床汚濁物質の巻上げの研究によると，k, α, βの値はそれぞれ$1.0 \times 10^{-6} \sim 4.0 \times 10^{-5}$, 1.5, 0～2としており，ここでの対象河川も，平常時の

流量が少ないことから，$k=1.0\times10^{-6}$，$\alpha=1.5$，$\beta=1$とした。

なお，流下方向長さ当り(汚濁物)の現在量は，式(9)で求めた。

$$\delta = \text{SED} \cdot B \cdot \text{CCSED} \cdot \frac{5}{8} \tag{9}$$

SED＝3.35　　単位面積当りの底泥量(kg/m^2)
CCSED＝0.57　　底泥調査結果COD(mg/g)

ここで，SED：流下方向単位長さ当りの底泥量(M/L^2)，B：河川の幅(L)，CCSED：底泥調査結果COD(M/M)。SED，B，CCSEDは，平成11年11月10日に行った実測値によるものである。ここでは，BOD濃度を予測するが，BODの底泥調査結果が得られていないため，CODの結果に水質でのBODとCODの比率である5/8を乗じて，底泥中のBOD濃度として代用した。

(2) 予測結果

各事業の水質予測結果を図-5.5に示す。

a. 還流事業の場合

現状と比較すると，支川との合流付近の流下距離2 000 m地点以降では，水質改善効果は小さくなるが，それ以前の地点ではBOD濃度約2.0mg/L程度の

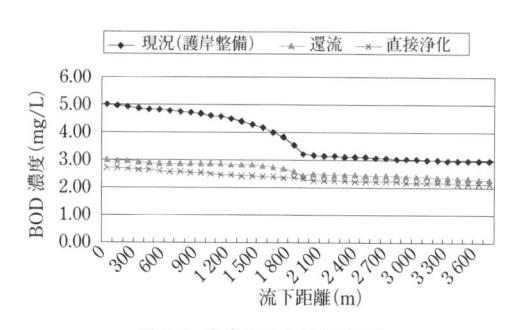

図-5.5　各事業の水質予測結果

改善が見られた。河川全域の平均値をとると，BOD濃度約1.0mg/L程度の水質の改善が見られた。

b. 直接浄化事業の場合

河川全体でBOD濃度は2.5 mg/L以下となっており，この数値は，環境基準のB類型を満たす値となっている。

c. 護岸整備事業の場合

護岸整備事業については，水質は変化しないものとし，事業実施後の水質は現況の水質値と設定したため，護岸整備事業の水質に関する改善効果はないものとする。

5.2.3 生息生物の変化予測

近年,河川環境の変化に対する生物生息形態の変化についての研究が数多く行われており,特に魚類については,魚種ごとの望ましい環境につての評価指標が明らかとされている。

現在,大正川には,コイ,フナ,オイカワ,ブラックバス,ブルーギルなどが生息していることが確認されている。そこで,既往研究で明らかとされた魚種ごとの評価指標を用い,事業実施後の生物の生息状況を予測評価する。

(1) 評価指標

ここでは評価可能な指標の存在するオイカワとアブラハヤを評価対象魚に選定し,既往研究[16, 17]より用いた生物評価指標で河川環境創造事業の生物生息状況を把握した。以下に使用する生物評価指標を述べる。

金ら[16]は,流量増分生息域評価法(IFIM;Instream Flow Incremental Methodology)を利用して,生息域変数に対する生息数基準を作成している。IFIMとは,魚類の生息場をモデル化して流量時系列による評価を行うことで流水の利用方法を求めていく,過程に関する手法体系であり,河川の魚類資源に悪影響を及ぼさず,どのく

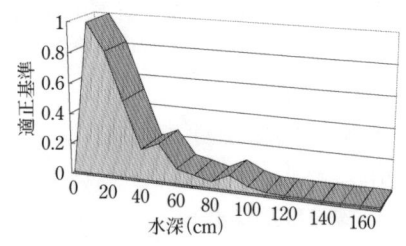

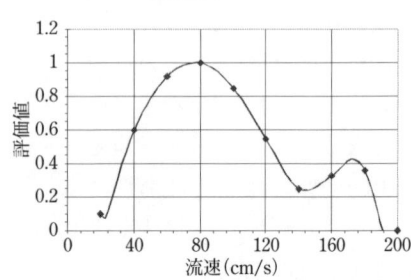

図-5.6 オイカワに対する評価関数(水深と流速)[6]

らいの水資源を活用することができるのかを評価する手法である。この手法体系は,米国で開発され,欧米をはじめとする多くの国で河川の流量の検討に採用されている[18]。このIFIMにおける生息数基準を用いて,還流事業,護岸整備事業,直接浄化事業の3つの河川環境創造事業に対する魚類相における評価を行い,生態系を河川環境創造事業における一つの評価項目として検討を行った。オイカワに対する水深・流速の生息数基準変化をそれぞれ**図-5.6**に示す。

また，辻本ら[17]の研究では，対象魚類を底生魚と遊泳魚に分類し，IFIM/PHABSIM(Physical Habitat Simulation)を基礎とした生物環境評価モデルを検討している。PHABSIMは，魚類が生息する場所として好む，水深，流速，河床材料，カバー(隠れ場所)になど，およびこれらの要素の組合せを現地で調査し，流量変化により魚類が好む条件の生息場の面積がどのように変化するかを算出する方法である[18]。ここでは大正川における生物の生息環境の評価を行うために，辻本らの研究において示されているアブラハヤ(遊泳魚)の評価関数を用いることとした。アブラハヤの水深および流速の評価関数を図-5.7，5.8に示す。

上記に述べた生息域適正基準(Habitat Suitability Criteria)は，生息域変数を適

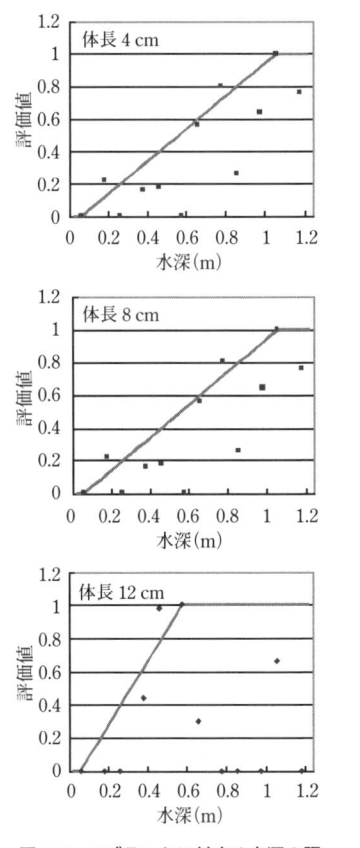

図-5.7 アブラハヤに対する水深の評価関数[7]

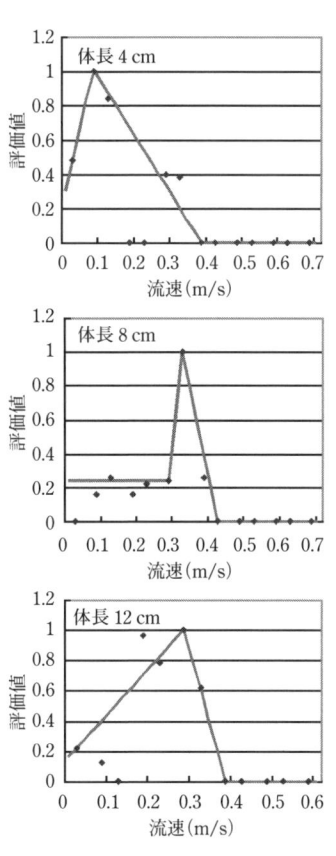

図-5.8 アブラハヤに対する流速の評価関数[17]

正指標に変換する基準として対象河川における生息域変数の特定の範囲に対して魚がどのくらい出現するのかを示す。適正指標(Suitability Index)は，生息域変数に対する魚の出現頻度で，最大1.0，最小0.0である。

ここでは，この適正指標を用いて，大正川に対して河川環境創造事業が行われた際に変化する流況で，魚類の生息環境がどのように変化しているのかを評価した。この予測結果を住民に知らせることによって，各事業を実施することにより創生される生態系の状況を認識してもらうことを考えた。

(2) 生物生息状況の予測結果

上記の生物評価指標を用いて，先に予測した水深および流速のデータをもとに大正川における生物の生息環境の評価を行った。

a. オイカワ(水深)

オイカワによる水深を基準とした時の生息評価を図-5.9に示す。この評価では，還流事業の方がやや生息評価値が小さくなった(平均16％減)。護岸整備事業と直接浄化事業では，水深は変化しないと設定したため，評価値に変化はなかった(±0％)。

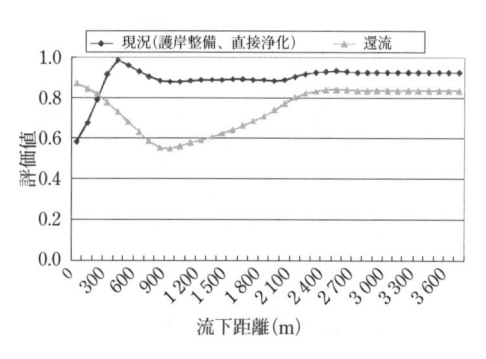

図-5.9 オイカワに対する水深を基準とした時の生息評価

b. オイカワ(流速)

流速による評価は，大正川の流速がオイカワの評価値に対してはるかに低いことから，オイカワの生息数基準を用いた流速による評価はできなかった。

c. アブラハヤ(水深)

アブラハヤ(体長4，8，12 cm)による水深を基準とした時の生息評価を図-5.10に示す。水深では，体長に関係なく現況や護岸整備・直接浄化事業よりも還流事業を行った方が評価値は上がっていた(体長4，8，12 cm各平均42％増)。

d. アブラハヤ(流速)

アブラハヤ(体長4，8，12 cm)による流速を基準とした時の生息評価を図-5.11に示す。流速による評価では，体長が4 cmの場合は還流事業の方が評価値は低く(平均2％減)，体長が8 cmではどちらの評価値も等しく(±0％)，体長が

5.2 事業効果予測

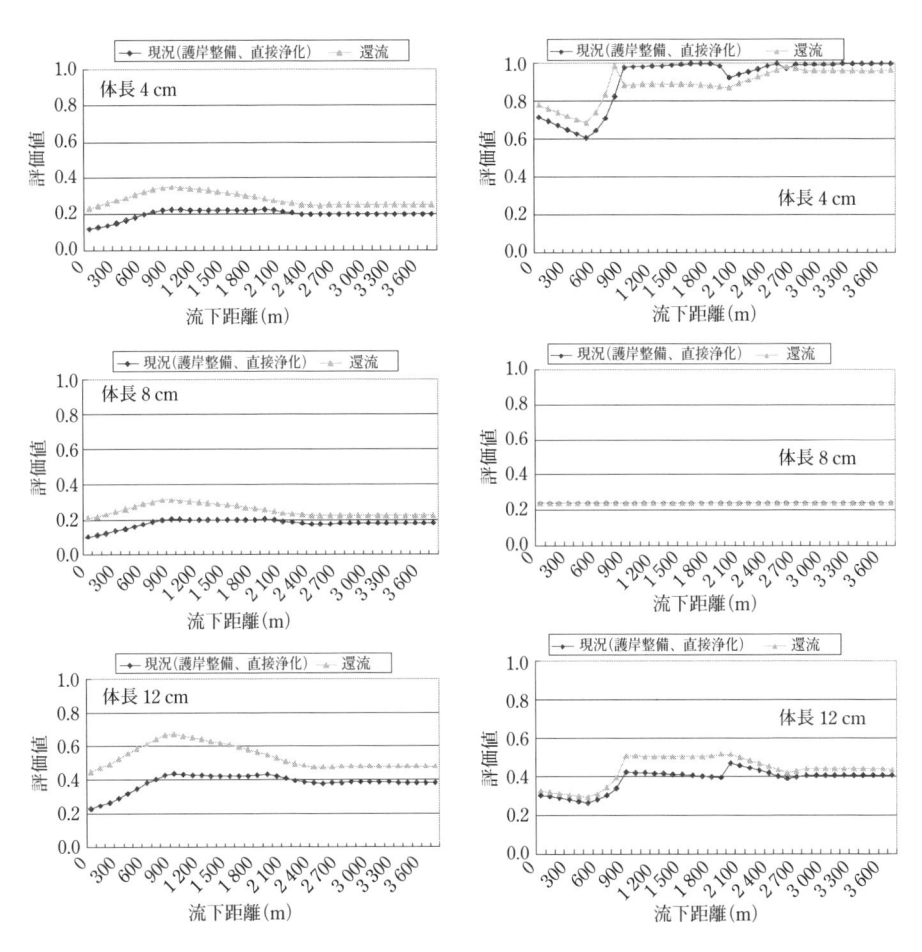

図-5.10 アブラハヤに対する流速を基準とした時の生息評価

図-5.11 アブラハヤに対する流速を基準とした時の生息評価

12 cmの場合では還流事業の評価値が平均13％増であった。

以上の結果を評価範囲の100 mピッチごとの評価結果を合計すると，現況・直接浄化事業・護岸整備事業における評価値の合計は121.375，一方，還流事業における評価値の合計は128.487となり，還流事業が他の2事業や現況を約6％上回る値となった。

129

5.3 CVMアンケート調査の概要

5.3.1 CVMとは

CVMは,環境経済学の分野で誕生し,研究が進められた手法であり,環境の価値を評価するための手法の一つである[19]。環境の価値を評価する手法には,この他にも代替法(Replacement Cost Method;RCM),トラベルコスト法(Travel Cost Method;TCM),ヘドニック法(Hedonic Price Method;HPM)などが開発されてきた。その中でも,CVMは世界的に注目を集めている。CVMは,アンケート調査を用いて人々に環境を守るためにいくら払うかをたずね,その回答をもとに環境の持っている価値を金額で評価する手法である。

CVMが世界的に注目されている理由は,一つには環境の持っている価値を評価し,環境破壊の損害を金額で評価することができ,これにより,開発によって得られる利益と,環境破壊によって失われる損害とを直接比較し,開発と保護のあり方を客観的に検討することができる。またCVMは,多数の人々にアンケートを行い,多数の一般市民の意見から環境の価値を評価し,これまで開発計画の中で無視されてきた一般市民の意見を組み入れることができる[4]からである。

5.3.2 アンケート概要

質問方式には支払いカード方式を用いた。支払カード方式を用いるにあたり,回答者がより幅広い選択ができるように一度ある金額を提示し,その事業計画に賛成かそうでないかを質問し,賛成の場合は提示金額より高い金額の選択肢を,賛成でない場合は提示金額より低い金額の選択肢を提示し,金額の選択範囲の幅を広げた。示した金額は,**表-5.2**に示す計15通りである。

表-5.2 提示金額一覧

提示金額の範囲 (1月当り,支払い期間:30年)							
0円	50円	100円	150円	200円	300円	400円	500円
800円	1 000円	1 500円	2 000円	3 000円	5 000円	5 000円以上	

5.3 CVMアンケート調査の概要

また，アンケート調査では，専門知識の少ない一般の住民が対象となるため，各事業の内容説明は，簡単にやさしく誰もが理解できるものでなければならない。そこで，アンケート調査では，専門用語を使用せず，表現をやわらかくした事業内容の説明文を提示した。各事業の説明文を**表-5.3**に示す。

表-5.3 アンケート調査で用いた各事業の説明文

1) 還流
　　下流部にある下水処理場より，きれいになった水をポンプで上流へ運び，再び川へ戻す(還流事業)というものです。この事業を行うことにより，水量を増やし川の流れを作り出し，川の水質が改善されます。
2) 直接浄化
　　水質をよくする一つの方法です。水辺の岩や石の表面に付着している微生物(バクテリア)の浄化能力を利用して人工的に自然の浄化作用を作り出し，水をきれいにするものです。
3) 護岸整備
　　大正川をより親しみやすい水辺空間にするために，下のイメージのような水辺に近づきやすく，そして生物(魚，昆虫等)が生息できるようにするものです。

5.3.3 アンケート調査内容の作成にあたっての注意点，工夫

アンケート調査を行ううえで，回答者が抱く環境創造事業後の河川のイメージを統一化する必要がある。創造されるであろう環境に対して，言葉や基準による説明だけでは抽象的になり，アンケート回答者の評価対象へのイメージを統一することは難しいと考えられる。また，より多くの情報を伝えるために，説明文が多くなり，回答者に負担をかけてしまうことがある。高木らによる伊勢湾の水質浄化事業に対する評価[20]では，水質の状況を回答者が容易に理解できるようにカラーのイメージ図を用いており，BOD値を生息可能な魚類などを用い説明している。

そこで，ここではこの問題を解決するため，言葉による説明に加えて，事業実施により変化する環境のシミュレーション解析の結果に基づき，事業後の河川状況を表現した加工写真を用い，被験者のイメージ統一を図った。

なお加工に使用した写真は，アンケート回答者がイメージを抱きやすいよう，対象河川のどの地点でも見られるような景観の写真を用いた。

イメージ写真のでき具合が結果に大きく影響を与えるため，事業後のイメージ

第5章 市民の求める河川水辺環境の整備

写真作成では以下の点について特に留意した。
① 事業を行うことによる変化がわかりやすい特殊な場所の写真を使うのではなく，大正川のどの地点でも見られるような景観の写真を用いる。
② 還流事業，直接浄化事業においては，流況，水質の変化が中心になるため，水面をクローズアップした写真を用いる。
③ 護岸整備事業においては，護岸の変化がアンケート回答者に理解されやすくするため，河川全体を写した写真を用いる。
④ 事業実施後のイメージ写真では，水質，流速のシミュレーション結果に基づく状況を設定する。
⑤ 加工材料となる画像は，大正川から上記の設定に近い場所の写真を使用し，大正川において，設定値に近い場所がない場合は，河川状況が類似している河川の写真を使用する。
⑥ 還流事業では，流況，特に流速が変化すると考え，大正川の流速0.094 m/s，BOD 3.1 mg/L地点での水面写真を加工材料として用いる。水質の設定値を満たすため，加工材料の不透明度を100％から80％に下げ，流れのある水面の形状を維持しつつ，水の透明度を上げることで対処する。
⑦ 直接浄化事業では，大正川において水質の設定値を満たす場所は存在しない。そこで，他の河川で設定値を満たしている場所（BOD 1 mg/L）の水面写真を加工材料とする。
⑧ 護岸整備事業では，流況に関しては変化しないとし，事業実施前と同様とする。護岸の加工材料としては，他の河川の写真を使用する。
⑨ 写真の加工では，変化する状況以外は，事業実施前後で，同一になるようする。

事業実施前（加工前）の写真と事業実施後（加工後）の写真を**写真-5.2〜5.7**に示す。

5.3 CVMアンケート調査の概要

写真-5.2 還流事業前(現況)

写真-5.3 還流事業実施後

写真-5.4 直接浄化事業前(現況)

第5章 市民の求める河川水辺環境の整備

写真-5.5 直接浄化事業実施後

写真-5.6 護岸整備事業前(現況)

写真-5.7 護岸整備事業実施後

5.4 事業に対する住民の支払い意志額

5.4.1 調査概要

萩原らによると，眺める程度の水辺の誘致距離は500mとされている[22]。そこで，アンケート調査の対象範囲を河川両岸500m以内に居住している住民として，2000年（平成12年）10月下旬から11月下旬にかけて，アンケート調査を行った。調査方法は，直接訪問形式を用いた。有効回答数は310件である。アンケート調査回答者属性を**表-5.4**に示す。

表-5.4 CVMアンケート調査回答者属性

項目	割合
年齢	30代未満：17%　30代：31%　40代：21%　50代以上：31%
性別	男性：40%　女性：60%
職業	会社員：30%　主婦：44%　学生7%　その他：18%
居住年数	5年以下：45%　6～15年：21%　16年以上：34%
自宅から河川までの距離	0～100m：35%　101～200m：38%　201～300m：21%　301m以上：6%
来訪頻度	毎日：10%　週に2, 3回：13%　月に2, 3回：21%　年に2, 3回：18%　行かない：38%

5.4.2 支払い意志額の算出

各事業のWTPの結果を**図-5.12**に示す。この結果から直接浄化事業に対するWTPが220円/月/世帯と最も高く。次いで護岸整備事業の150円/月/世帯，還流事業の120円/月/世帯となる。

前述したように，住民は水をきれいにすることを最も望んでいることから，水質浄化を主目的とする直接

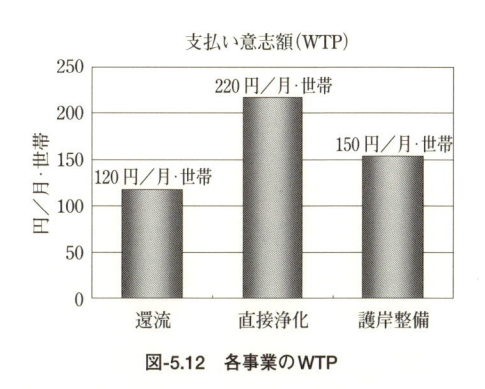

図-5.12 各事業のWTP

第 5 章　市民の求める河川水辺環境の整備

浄化事業のWTPが最も高くなっている。

次に，緑豊かな水辺にすることや，河原の公園や散歩道を整備することが望まれていることから，親しみやすい水辺を創出することを主目的としている護岸整備事業のWTPが二番目に高くなっている。

三番目に，水の流れを今よりよくすることが望まれていることから，水量を増やし川の流れをつくり出すことを主目的としている還流事業の順になっている。WTPの値と住民の望んでいる環境改善項目が同様の傾向を示していることから，イメージ写真を用いることで，アンケート調査回答者により事業のイメージを具体的に伝えることができ，より正確な事業価値が測れたと評価できる。

5.4.3　属性による支払い意志額の特徴

属性によるWTPの違いを見ると，「性別」，「年齢」，「河川から自宅までの距離」，「利用頻度」で違いが顕著に見られた。属性別によるWTPの違いの一例として直接浄化のWTPを図-5.13に示す。

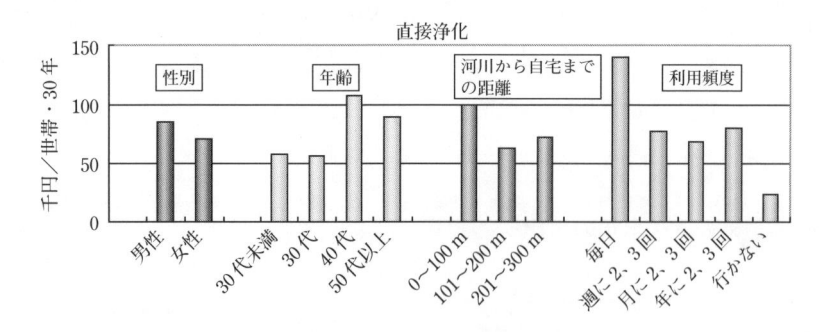

図-5.13　属性別によるWTPの違い（直接浄化）

「性別」では，女性に比べ男性の方のWTPは高くなっている。女性の方が家計を握っていることが多く，男性に比べ金銭的価値観がシビアなことが影響していると考える。「年齢」では，40歳代を境にしてWTPに差が出ており，40歳代未満の人の方がWTPは低く，40歳代以上の人の方がWTPは高くなっている。「河川から自宅までの距離」では，河川から離れるほど，WTPも小さな値となっている。自宅から河川までの距離とWTPとは，反比例の関係にある。「利用頻度」では，

毎日利用している人のWTPが最も高くなっており，利用頻度の低下とともにWTPも低下している。

5.5　来訪頻度の増加量の定量

現在の河川への来訪頻度と事業実施後の予想される来訪頻度を質問した。

得られた結果を図-5.14，表-5.5に示す。各事業において，来訪頻度に回答者数を乗じ，総回答者数で除したものを年間1人当りの平均来訪回数とし，現在と事業実施後のこれらの差を来訪頻度増加量とした。

還流事業では27.8回/年/人来訪頻度が増加する。直接浄化事業では，還流事業の時よりやや少ない23.4回/年/人となる。護岸整備事業では，45.9回/年/人と他の2つの事業と比較しても明らかに来訪頻度が多くなる。

護岸整備事業では，散歩道や親水施設等が整備されることから，住民は河川を利用することで，直接的に事業による便益を享受することができる。このことに

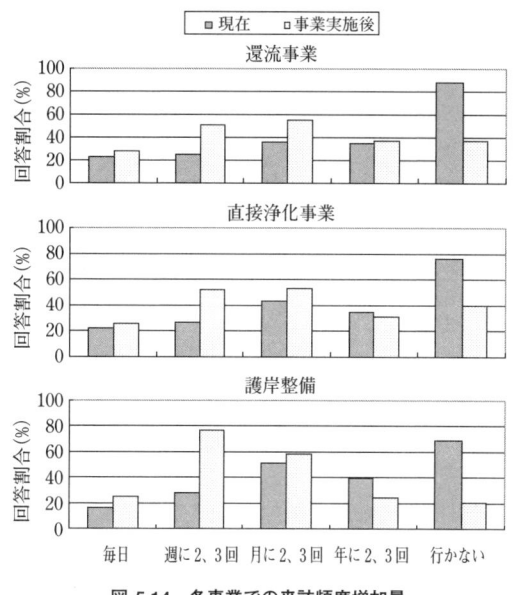

図-5.14　各事業での来訪頻度増加量

第5章 市民の求める河川水辺環境の整備

表-5.5 各事業での来訪頻度増加量

来訪頻度	来訪頻度 (1年換算)	還流			
		現在		事業後	
		回答者数(人)	年間来訪数(回)	回答者数(人)	年間来訪数(回)
毎日	365	23	8 395	28	10 220
週に2,3回	130	25	3 250	51	6 630
月に2,3回	30	36	1 080	55	1 650
年に2,3回	3	35	88	37	93
行かない	0	89	0	37	0
合計		208	12 813	208	18 593
平均年間来訪頻度(回/人・年)		62		89	
来訪頻度増加量 (回/人・年)				28	

来訪頻度	来訪頻度 (1年換算)	直接浄化			
		現在		事業後	
		回答者数(人)	年間来訪数(回)	回答者数(人)	年間来訪数(回)
毎日	365	22	8 030	25	9 125
週に2,3回	130	27	3 510	52	6 760
月に2,3回	30	43	1 290	53	1 590
年に2,3回	3	34	85	31	77.5
行かない	0	76	0	40	0
合計		202	12 915	201	17 552.5
平均年間来訪頻度(回/人・年)		62		87	
来訪頻度増加量 (回/人・年)				23	

来訪頻度	来訪頻度 (1年換算)	護岸整備			
		現在		事業後	
		回答者数(人)	年間来訪数(回)	回答者数(人)	年間来訪数(回)
毎日	365	17	6 205	25	9 125
週に2,3回	130	28	3 640	77	10 010
月に2,3回	30	51	1 530	58	1 740
年に2,3回	3	39	97.5	24	60
行かない	0	69	0	21	0
合計		204	11 472.5	205	20 935
平均年間来訪頻度(回/人・年)		62		102	
来訪頻度増加量 (回/人・年)				46	

より，住民の持つ河川の利用価値が増加する．これに対し，直接浄化事業，還流事業では，河川環境は改善されるものの，住民は事業による便益を直接的に享受しにくいと考えられる．このことが護岸整備の来訪頻度増加量を高めたと考えら

れる。

　しかし，WTPでは直接浄化事業が最も高く評価されており，WTPと来訪頻度量の結果には異なる傾向がある。この要因として，両項目において評価される価値が違うことがあげられる。

　来訪頻度の増加量では，利用価値が評価され，WTPでは，利用価値に加え非利用価値（ここでは存在価値）が評価される。直接浄化事業，護岸整備事業において，WTPと来訪頻度量の結果の傾向が逆転したことは，非利用価値が利用価値を上回ったことを示す。このことから住民は河川の利用という観点からではなく，河川の環境，存在という観点から事業評価を行っているといえる。

5.6　まとめ

　本章では，河川周辺住民の望む河川環境を創造できる事業方策として，還流事業，直接浄化事業，護岸整備事業の3つの河川環境創造事業を設定し，その事業による環境改善効果を予測・評価した。また，効果予測結果をもとに各事業のイメージ写真を作成し，アンケート調査より各事業に対する住民満足度を定量・評価した。

　住民の河川環境への要望として，「水をきれいにする」ことへの要望が大きいことがわかる。次いで「緑豊かな水辺にする」，「水の流れを良くする」，「生物を今より棲めるようにする」，「護岸を生物が生息できる方法で整備する」，「水とふれ合える空間を整備する」などといった水辺空間と人との関わりを今後より深めていきたいという要望も大きい。

　河川環境創造事業の事業効果は，流速の改善効果としては，処理水還流事業で現状の13〜51％の流速増加であった。水質の改善効果としては，河川全域のBOD濃度の平均値をとると，処理水還流事業では約1.0 mg/L程度の改善，直接浄化事業は2.5 mg/L以上の改善であった。

　各事業のWTPについては，直接浄化事業に対するWTPが220円/月/世帯と最も高く，次いで護岸整備事業の150円/月/世帯，還流事業の120円/月/世帯であった。住民は水をきれいにすることを最も望んでいることから，水質浄化を主目的とする直接浄化事業のWTPが最も高くなっている。

第5章 市民の求める河川水辺環境の整備

　来訪頻度の増加量では，還流事業が27.8回/年/人，直接浄化事業が23.4回/年/人，護岸整備事業が45.9回/年/人の増加量であった。護岸整備事業は，他の2つの事業と比較しても明らかに来訪頻度が多くなる。

　都市内河川においては，水質改善や親水性の向上が住民に望まれており，これらに対する対応策を打ち出していく必要がある。水質改善においては，水質浄化施設の設置や流域の下水道整備などの対応策が考えられる。しかし，人の水のきれいさに対する評価は，BODやCODといった水質濃度値に比例するものではなく，水の流れや濁り，水辺のごみの多さ，水辺の整備状況などに大きく影響するところがあると考えられる。そのため，住民の水質に対する評価を向上させるために，水質浄化施設の設置や流域の下水道整備などのハード的な対応と並行して，水の流れを創出できる処理水還流や水辺の清掃活動や草刈りなどの景観的な対応を行っていく必要がある。

　また，河川環境としては，ありのままの自然空間としてではなく，人工的過ぎず，自然的な要素を含みながらも，整備され利用しやすい安全な河川，いわば公園のような環境が望まれている。自然環境保全の観点からは，このような整備は望ましくないと考えるが，都市においては，人と河川が共存するためにも，人が利用しやすい安全性の高い河川整備が必要である。

　オープンスペースの整備において，重要なのはオープンスペースの利用者である住民の立場にたった整備を行うということである。住民の要求を十分に把握し，整備方策に取り入れていくためにも，計画段階から技術者と住民が相互の情報・意見を交わし，住民は要望を明らかにし，技術者はその要望を達成するための技術的見解を提示するとことで，住民の事業に対する選択肢を広げる必要がある。これを繰り返すことにより，住民に親しまれる都市オープンスペースの環境整備が可能になる。

　また，公共事業の選択においては，持続可能な社会の発展のために，環境効率，費用便益が高く，かつ住民のニーズに合った事業を選択していく必要がある。そのためには，河川環境創造事業への適応例を示したように，現在行われている費用便益比によるコスト重視の事業選択だけではなく，環境効率や住民の考える重要度による評価といった環境や住民意識を重視した評価指標による事業評価を確立することが必要である。

参考文献

- [1] 清水丞，萩原清子，萩原良巳：SPデータを活用した水辺の環境評価，第28回環境システム研究論文　発表会講演集，pp.93-100，2000.10．
- [2] 財団法人河川情報センター：川と水のページ，http://www.river.or.jp/kawa/moc0001.html．
- [3] 羽田守夫，熊谷誠三郎：都市域小河川の環境とその整備・利用に関する住民の意識，環境システム研究，Vol.21，pp.215-222，1993.8．
- [4] 栗山浩一：公共事業と環境の価値—CVMガイドブック—，pp.1-152，築地書店，1999．
- [5] 渡邉雅巳，三浦浩之，和田安彦：都市内河川の環境に対する流域住民の意識・評価に関する研究，平成12年度土木学会関西支部年次学術講演会，Ⅶ-1，pp.1-2，2000．
- [6] infoBIWA：滋賀の下水道，http://www.biwa.ne.jp/~kawasima/mamoru/gesui/gesui.html．
- [7] 土屋十圀：都市河川の総合親水計画，pp.191-215，伸山社サイテック，1999．
- [8] 長内武逸：礫間接触酸化法による河川水の直接浄化，用水と廃水，Vol.38，No.8，pp.26-31，1990．
- [9] 渡辺吉男：汚濁河川，水路の直接浄化技術，用水と廃水，Vol.40，No.10，pp.58-63，1998．
- [10] 株式会社ホクコンHP：ホクコン情報シリーズ'97-Vol.2，http://www.hokukon.co.jp/．
- [11] 土木学会：水理公式集，pp.198-205，1985．
- [12] 土木学会：水理公式集例題集（昭和60年版），pp.118-126，1988．
- [13] 岩崎義郎：湖沼工学，pp.301-339，山海堂，1991．
- [14] 合田健：水質環境科学，p.337，丸善，1985．
- [15] 高尾克樹：河床に存在する汚濁物質の巻き上げ流出，用水と排水，Vol.23，No.5，pp.555-557，1981．
- [16] 金亨烈，玉井信行，松崎浩憲：流量増分生息域評価法における生息数基準に関する研究，水工学論文集，Vol.40，pp.151-156，1996.2．
- [17] 辻本哲郎，永禮大：魚類生息環境変質の評価のシナリオ，水工学論文集，Vol.43，pp.947-952，1999.2．
- [18] 国土交通省中部地方整備局：IFIMによる魚類生息場の評価，http://www.cbr.mlit.go.jp/toyohashi/iinkai/siryo4_3_16/siryo16_05.html．
- [19] 鷲田豊明，栗山浩一，竹内憲司：環境評価ワークショップ　評価手法の現状，pp.25-40，築地書館，19992．
- [20] 高木朗義，大野栄治：水質浄化事業による環境改善便益の計測，環境システム研究論文集，Vol.27，pp.1-8，1999．
- [21] 田口誠，盛岡通，藤田壮：矢作川における環境整備にともなう受益構造と費用負担の衡平性問題，環境システム研究論文集，Vol.28，pp.459-465，2000．
- [22] 高橋邦夫，萩原良巳，清水丞，酒井彰，中村彰吾：都市域における水辺計画の作成プロセスに関する研究，環境システム研究，Vol.24，pp.1-12，1996.10．

おわりに

　本書は，私たち市民が豊かで質の高い生活を享受できるような都市水環境の姿を，そこで生活する市民にとって望まれるものは何かという視点に立って考えてきた成果をとりまとめたものである。

　とりあげたテーマは，上水道システムでの高度浄水導入，これに下水道システムを加えた将来的な都市水供給処理システム，市街地内にある河川空間の整備と，都市における水と人々との関わりの様々な局面に及ぶ。これらのテーマについて探求していくことで，"都市市民にとって本当に望ましい水環境とは何か"，"都市市民の望む水環境を創り出していくにはどうすればよいのか"について，われわれなりの結論を提示できたのではないかと思う。

　各論を執筆するにあたっては，資料閲覧やヒヤリングなどでご協力をいただいた関係者は数多く，多数の市民の方々に貴重な時間を割いてわれわれのアンケートにお答えいただいた。この場を借りて謝意を表する次第である。さらに，アンケート調査などでは，研究室の大学院生，卒研生の協力を得たことにも併せて謝意を表したい。

　「はじめに」にも記したが，本書が関連する専門技術者だけでなく，多くの市民の目にとまり，市民の方々が自らの生活を豊かなものとしていくために，自分たちの身の回りにある水環境を見直し，これを上手く利用していくことに役立てば幸いである。

索　引

【あ】
アオコ　13
アカウンタビリティ　2
アブラハヤ　128
アンケート　17,28,47,52,89,130,135

【い】
異味臭　14
一対比較　69
意味微分法　93
インターネット　18,111
インパクト　11,66
飲料用水　45

【う,え】
受取補償額　10
雨水　50,59
　──の有効利用　40
雨水利用　59

エコデザイン　11,66,72,76
塩素処理　57

【お】
オイカワ　128
おいしい水　44
　──の指標　14
オゾン処理　14,58
オープンハウス　6
重み付け係数　67

【か】
階層化意志決定法　68
ガイドライン　23
拡散係数　124
河川改修事業　110

河川法　3,81
仮想評価法　10,16,53
活性炭[吸着]処理　14,58
カテゴリー　95
カテゴリースコア　96
カビ臭　13,29,57
カルキ臭　29
環境インパクト　67,75
環境基準　86
環境の価値　9
環境配慮型設計　66
環境負荷　11,56,58,60,62,66,68,72
環境問題　72
還流　131
還流事業　132

【き】
幾何平均法　70
魚類　126
近自然型　118
近自然型川づくり　118

【く,け】
クロス集計　95,98

景観　131
下水処理水還流事業　117
建築工事　58

【こ】
合意形成　40
高度浄水　13,49,50,54,57,62,65,76
護岸整備　131
護岸整備事業　118,132
コスト　11,65,66,68,72,77
固有ベクトル法　70

145

索　引

コンサルタント　82
コンジョイント分析　10

【さ,し】

再利用　40,50,60

CO_2排出原単位　58,61,64
CO_2排出量　56,60,62,64,68,75
事業の必要性　72
事業の便益　37
持続可能な発展　11,66
市町村マスタープラン　3
支払い意志額　10,16,24,52,53,73
支払いカード方式　23,53,130
市販の水　21,31
シミュレーション解析　121
市民参画　84
自由回答形式　53
臭気強度　15
住民参加　5
住民投票　2
住民の意識　72
重要度　69
受水槽方式　38
受水タンク　38
浄化係数　124
浄水器　20,30,44
使用水量(1人1日当りの)　45,59
使用水量(用途別の)　59
情報提供　36
親水空間　102,104,105,106
親水護岸整備

【す,せ】

水質基準　45
水質流動予測モデル　123
水道システム　46
水道水の使用用途　20
数量化Ⅱ類　95

生息域適正基準　127
生物評価指標　126

【た,ち,つ,て】

代替法　130

中水道システム　40
直圧給水方式　38
直接浄化　131
直接浄化事業　117,132
直接請求　2
貯留容量　59

付け値ゲーム形式　53

底泥　125
適正基準　128
転入者　31

【と】

独立採算性　16
都市計画法　3
都市内水資源　50,54,65,76
都市水供給システム　49
土木工事　58
トラベルコスト法　10,130
トリハロメタン　57
トレード・オフ　67

【な,に,ね,の】

内分泌撹乱物質　44

二肢選択形式　54

寝屋川市　47

ノンポイント汚染源　14

【は】

バイアス　16,23,72

パフォーマンス　11,52,67,68,72,74
パブリック・インボルブメント　5,82
反復利用　44

【ひ】
病原性微生物　44
標準活性汚泥法　118
標準逐次法　121
費用対効果　9
費用対便益　9
費用便益比　26
非利用価値　9,139

【ふ,へ,ほ】
不等流解析　121
プロファイル　10

平均支払い意志額　56
ペットボトル　50,54,62,64,65,72,74
ヘドニック法　10,130
便益　67

放流先移設　50,54,61,65,76

【ま,み】
巻上げ　124
マスタープラン　3

まちづくり　8,82

水循環　46
ミネラルウォーター　30,44,51,62,73

【よ】
容器包装リサイクル法　55
用途別使用水量　59
淀川　13,43

【ら,り,れ】
ライフサイクル　11,66,68,75
ライフサイクルアセスメント　57
ライフスタイル　32

リサイクル　56
流量増分生息域評価法　126
リユース　51,65,72,75
利用価値　9,138

礫間接触酸化法　117
レンジ　96

【わ】
ワークショップ　7
ワンウェイ　65,72

欧文索引

Analytic Hierarchy Process(AHP)　　68

Contingent Valuation Method　　10, 16, 53
CVM　　10, 16, 23, 53, 130

Habitat Suitability Criteria　　127
Hedonic Price Method(HPM)　　130

IFIM　　126
Instream Flow Incremental Methodology　　126

NOAA　　23
NPO　　8

Payment Card　　23, 54
PHABSIM　　127

Physical Habitat Simulation　　127
Public Involvement(PI)　　5, 83

Replacement Cost Method(RCM)　　130

Semantic Differential Method(SD)　　93
Suitability Index　　128
Sustainable Development　　11, 66

TCM　　130
Travel Cost Method　　130

Willingness to Accept　　10
Willingness to Pay　　10, 16, 53
WTP　　16, 24, 52, 53, 73, 76, 135

市民の望む都市の水環境づくり	定価はカバーに表示してあります
2003年7月22日　1版1刷発行	ISBN 4-7655-1652-0 C3051

著　者　和　田　安　彦
　　　　三　浦　浩　之
発行者　長　　祥　　隆
発行所　技報堂出版株式会社

日本書籍出版協会会員
自然科学書協会会員
工学書協会会員
土木・建築書協会会員

Printed in Japan

〒102-0075　東京都千代田区三番町8-7
　　　　　　　　　　　　（第25興和ビル）
電話　営業　(03)(5215)3165
　　　編集　(03)(5215)3161
FAX　 (03)(5215)3233
振替口座　　　00140-4-10
http://www.gihodoshuppan.co.jp

落丁・乱丁はお取り替えいたします。
ⓒYasuhiko Wada and Hiroyuki Miura, 2003

装幀　セイビ　　印刷・製本　シナノ

本書の無断複写は、著作権法上での例外を除き、禁じられています。

●小社刊行図書のご案内●

環境科学 － 人間環境の創造のために	天野博正 著	A5・296頁
環境計画 － 21世紀への環境づくりのコンセプト	和田安彦 著	A5・228頁
環境保全工学	浮田正夫ほか 編著	A5・236頁
水環境の基礎科学	E.A.Laws著/神田穰太ほか訳	A5・722頁
水文大循環と地域水代謝	丹保憲仁・丸山俊朗 編	A5・230頁
持続可能な水環境政策	菅原正孝ほか 著	A5・184頁
水をはぐくむ － 21世紀の水環境	大槻均ほか 編著	A5・208頁
水環境ウオッチング － 地球・人間 そしてこれから	編集委員会 編	B6・144頁
水を活かす循環環境都市づくり － 都市再生を目指して	和田安彦・三浦浩之 著	A5・170頁
河川を活かしたまちづくり事例集	リバーフロント整備センター 編	A4・142頁
環境共生時代の都市計画 － ドイツではどう取り組まれているか	K.Ermerほか著/水原渉 訳	A5・188頁
あなたは土木に何を求めますか － 社会資本整備のあり方	土木学会 編	A5・292頁
環境にやさしいライフスタイル － 生活者のための社会をつくる	和田安彦ほか 著	B6・190頁
環境問題って何だ？	村岡治 著	B5・264頁

●はなしシリーズ

みんなで考える飲み水のはなし	アクア研究会 著	B6・238頁
21世紀型環境学入門 － 地球規模の循環型社会をめざす	本多淳裕 著	B6・214頁

技報堂出版　TEL編集03(5215)3161 営業03(5215)3165　FAX03(5215)3233